일곱 가지
상품으로 읽는

종횡무진
세계지리

일곱 가지 상품으로 읽는 종횡무진 세계지리

초판 1쇄 발행 2017년 6월 21일
초판 6쇄 발행 2023년 6월 10일

지은이　　조철기
펴낸이　　이영선

편집　　이일규 김선정 김문정 김종훈 이민재 김영아 이현정 차소영
디자인　　김회량 위수연
독자본부　　김일신 정혜영 김연수 김민수 박정래 손미경 김동욱

펴낸곳 서해문집 | 출판등록 1989년 3월 16일(제406-2005-000047호)
주소 경기도 파주시 광인사길 217(파주출판도시)
전화 (031)955-7470 | 팩스 (031)955-7469
홈페이지 www.booksea.co.kr | 이메일 shmj21@hanmail.net

ISBN　978-89-7483-838-6　03980

이 도서의 국립중앙도서관 출판예정도서목록(CIP)은 서지정보유통지원시스템 홈페이지(http://
seoji.nl.go.kr)와 국가자료공동목록시스템(http://www.nl.go.kr/kolisnet)에서 이용하실 수
있습니다.(CIP제어번호: CIP2017008246)

일곱 가지
상품으로 읽는

종횡무진
세계지리

조철기 지음

서해문집

상품이 곧 세계다!
상품사슬 따라 만나는 세계지리

'지리'라는 렌즈로
복잡한 세상을 명쾌하게!

우리가 사는 세상은 참 복잡합니다. 그만큼 이해하기 쉽지 않지요. 사실 우리가 공부를 하는 이유는 이러한 복잡한 세상을 조금이라도 잘 이해하기 위한 준비 과정일 것입니다. 복잡한 세상을 보다 명쾌하게 이해하려면, 부분과 전체를 아우르는 사고가 중요합니다. 부분과 전체는 나무와 숲에 비유되곤 하지요. 흔히 "나무를 보지 말고 숲을 보라"고 합니다. 이 말은 "전체는 부분의 합 이상이다"라는 말과 일맥상통합니다. 우리는 세상을 때로는 마이크로하게, 때로는 매크로하게 보아야 하고, 필요할 때는 이들을 유기적으로 연결할 수 있어야 합니다.

　세상에 있는 나무와 숲을 자세히 살펴보기 위해서는 훌륭한 카메라와 렌즈가 필요하겠지요. 저는 지리야말로 이 세상을 들여다볼 수 있는 훌륭한 카메라라고 생각합니다. 지리가 카메라라면, 지리에서 중요하게 다루는 개념인 스케일*은 다양한 렌즈에 해당될 것입니다. 지리라는 카메라는 우리 몸에서 시작해 도시, 지역, 국가, 세계를 아우르는 훌륭한 렌즈를 갖고 있지요. 지리는 이러한 렌즈로 세상을 줌인 줌아웃하면서, 나무와 숲 또는 부분과 전체를 다이나믹하게 보여 줍니다.

우리는 지리의 렌즈인 스케일을 통해 현재 살고 있는 장소에서 일어나는 무수한 사건들을 넓은 맥락에 연결시킬 수도 있지요. 전 세계적으로 일어나는 다양한 세계화 이슈, 환경 파괴, 난개발, 무역 갈등과 신자유주의 등을 줌인 줌아웃하면서, 논쟁의 본질이 무엇인지 적절한 판단을 할 수 있을 것입니다. 또한 우리가 얼마나 상호의존적인 세계에 살고

● 스케일은 도시, 지역, 국가, 국제, 세계와 같은 공간 규모를 말한다. 그리고 대축척지도, 소축척지도에서처럼 지도상의 스케일은 '축척'을 의미하기도 한다.

있는지도 성찰할 수 있지요. 내 일상적 행동이 나 혼자만의 문제가 아니라, 지구 저편에 살고 있는 사람들과도 긴밀히 연결되어 있다는 사실을 깨닫게 되는 것입니다.

모든 것은 다
연결되어 있다

지금은 은퇴한, 지리학자 데이비드 색은 인간을 "호모 지오그래피쿠스 Homo Geographicus"라 불렀습니다. 지리적 존재라는 의미이지요. 인간은 지리적 존재인 동시에 다른 사람 또는 사물과 유기적 관계를 맺고 있는 관계적 존재입니다. 우리는 때로는 가시적이고 때로는 비가시적인 수많은 연결망 또는 관계망을 통해 서로 관계를 맺고 살고 있지요.

앨버트 아인슈타인은 "상상력은 지식보다 더 중요하다"고 했습니다. 지식은 한정적인 반면, 상상력은 무한하다고 본 것입니다. 세상에 대한 지식도 중요하지만, 세계가 하나로 연결되는 이런 시대에는 세계를 관계적으로 바라볼 수 있는 지리적 상상력이 더욱 중요하겠지요. 그러려면 우리가 살고 있는 세계를 정적이고 닫힌 곳이 아니라 역동적이고 관계적인 곳으로 바라봐야 합니다. 즉, 국지적 장소를 통해 세계적 공간을 보고 세계적 공간을 통해 국지적 장소를 상상할 줄 알아야 합니다. 또한 장소 너머에 존재하는 것을 통해 그 장소를 그려 보고, 반대로 장소에 존재하는 것을 통해 그 장소 너머를 상상하는 것입니다.

세상을 관계적으로 바라보는 지리적 상상력에 더해 관계적 감수성도 필요합니다. 우리가 살고 있는 세상은 울퉁불퉁하고 불균등합니다. 세계 어디에나 빈부 격차가 존재하지요. 세계화와 신자유주의라는 무한 경쟁 체제에서 이러한 빈부 격차는 좀처럼 해소될 것 같지 않습니다. 그 래서 우리는 관계적 감수성을 통해 세상을 바라봐야 합니다. 세계의 불 평등을 머리로 이해하는 데 그치면 안 됩니다.《어린 왕자》에 이런 구절 이 있지요. "정말 중요한 것은 눈에 보이지 않아." 마음으로 보지 않으 면 진정으로 알지 못하는 것입니다. 관계적 감수성을 지닌 따뜻한 마음 으로 세계의 불평등에 관심을 가지고, 더불어 살 수 있는 세계를 만들기 위해 함께 노력해야 합니다.

상품사슬을 알면 세계가 보인다

오늘 아침 밥상에 오른 음식들은 모두 어디서 오는 것일까요? 음식들이 어디에서 오는지를 세계지도에 표시해 보면 놀라우리만큼 복잡하다는 것을 알 수 있습니다. 이 한 끼 식사를 위해 전 세계 수많은 사람들이 서 로 다른 장소에서 그 생산 과정에 참여합니다. 아이러니하게도 우리는 매끼 밥을 먹으면서도 그러한 사실을 깨닫지 못합니다. 슈퍼마켓에서 식사거리를 살 때조차 값만 치를 뿐 대부분 지금 구입한 상품이 어디서 와서 마트에 진열됐는지 알지 못하지요. 심지어 그 생산에 연관된 수많 은 사람이 처한 상황에 대해서도요.

　카를 마르크스는 "상품의 물신화fetishism of commodity"라는 말을 했습니다. 상품의 물신화란 소비자와 상품을 생산하는 데 필요한 사회적 관계가 분리된 상황을 말합니다. 이 때문에 소비자들은 가장 마지막 단계의 상품에만 가치를 부여할 뿐, 그 상품을 생산하는 노동자들이 착취당하는 현실에 대해서는 걱정하지도, 그것을 해결하기 위해 정치적 행동을 취하지도 않게 됩니다.

그렇다면 우리는 식탁에 오르는 식품이 생산되는 데 참여한 다양한 행위자를 어떻게 한데 묶을 수 있을까요? 상품사슬은 이때 매우 유용합니다. 상품사슬이란 원료가 상품으로 만들어지고 소비자가 구매하기까지의 과정을 말합니다. 상품사슬은 서로 동떨어져 있는 생산자와 소비자가 복잡한 경로를 통하여 지구를 이동하는 특정 상품을 매개로 어떻게 연결되는지 보여 주지요.

글로벌 경제를 가로지르는 어느 한 상품의 사슬을 추적해 가면, 그 상품이 만들어지는 과정에 관여하는 다양한 사람을 만날 수 있습니다. 상품사슬을 통해 우리는 일상적인 생활을 영위하는 공간이 글로벌 시스템의 연결망에 의해 다른 공간과 연결된다는 사실을 알게 되는 것입니다.

상품사슬은 전 세계로 확장된 자본주의에 숨겨진 사회적 관계를 적나라하게 보여 줍니다. 수많은 행위자, 국가, 기업, 노동자, 소비자 사이의 상호연계성을 밝혀 주지요. 때론 불편한 진실과 마주하게 되고 여기에 개입할 필요성을 인식하게 되기도 합니다.

상품의 라벨에 간단하게 인쇄된 "메이드 인 차이나made in China"라는 문구는 상품사슬의 복잡한 공간적·구조적 상호의존성을 제대로 보여 주지 못합니다. 라벨은 제품의 원산지는 알려 주지만, 제품이 생산되는 노동 조건에 관해서는 아무것도 말해 주지 않으니까요. 그러나 우리가 상품사슬을 추적한다면, 이에 관여하는 다양한 행위자의 면면을 자세히 살펴볼 수 있습니다.

우리는 우리가 소유하거나 사용하는 물건을 생산하는 노동자와 직접적으로 연결되어 있는데도 그 물건들이 어디서 오는지 거의 주목을 하지 않는 경향이 있습니다. 상품사슬은 상품이 삶과 어떻게 연결되는지 알려 줍니다. 또한 먼데서 우리가 구매하는 상품을 만드는 사람에 대하여 상상하고, 이해하며, 성찰하도록 해 줍니다.

이 책에서 다루는 상품은 청바지, 스마트폰, 햄버거, 콜라, 공, 커피, 다이아몬드입니다. 각 상품을 만드는 데 쓰이는 원료의 원산지부터 상품의 생산과 가공, 유통, 소비 과정을 추적함으로써 우리가 상호의존적인 세계에 살고 있다는 것을 알게 될 것입니다. 예를 들면, 우리가 입고 있는 청바지는 단순한 패션 아이템을 넘어 글로벌 상호의존성을 보여 주는 제품입니다. 그리고 우리는 글로벌 상호의존성으로 인해 누가 이익을 얻고 누가 손해를 보는지 알 수 있게 될 것입니다.

우리는 구체적인 상품의 추적 과정을 통해 글로벌 자본주의 경제체제하에서 선진국과 개발도상국이 처한 불편한 관계뿐만 아니라, 원료의 생산지나 공장에서 일하는 노동자를 알게 되고, 환경 문제, 건강 문제 등과도 마주하게 될 것입니다. 그리고 상품사슬의 끝에 있는 소비자로서 이러한 불편한 진실을 해결하기 위해 어떤 자세를 취해야 할지도 생각해 보게 될 것입니다. 굳이 공정무역, 윤리적 소비, 지속가능한 개발 등의 용어를 사용하지 않더라도 말입니다.

자, 이제 청바지, 스마트폰, 햄버거, 콜라, 공, 커피, 다이아몬드……
일곱 가지 상품의 사슬을 따라 펼쳐지는 세계 속으로 여행을 떠나 봅
시다.

2017년 6월
조철기

우리는 탐구를 멈추지 않을 거예요.
우리의 모든 탐구의 끝은
우리가 출발한 곳일 거예요.
그리고 그 장소도 처음으로 알게 되겠죠.

_ T. S. 엘리엇의 〈4개의 사중주〉 중에서

일곱 번째
다이아몬드 잔혹사,
그 끝나지 않은 이야기 **259**

대륙을 넘어
바다를 건너!
청바지의
머나먼 여행

첫 번째

"나와 캘빈 사이엔 아무것도 없어요
Know what comes between me and my Calvins? Nothing!"

_ 캘빈 클라인 광고

청바지 라벨이
말해 주지 않는 것

"나와 캘빈 사이엔 아무것도 없어요." 그 유명한 캘빈 클라인 청바지의 광고 문구다. 1980년대 미국 젊은 남성들의 우상이었던 영화배우 브룩 실즈가 스키니 청바지를 입고 이 말을 되뇌었을 때를 상상해 보라. 이 문구는 여러 의미를 내포한다. 단순히 나와 캘빈 클라인 청바지 사이에 아무것도 없다는 사실적인 의미 외에, 우리는 모두 평등하다는 메시지도 담겨 있다. 커피, 패스트푸드, 콜라 없는 일상을 상상할 수 없듯이 청바지 없는 일상 또한 상상하기 힘들다. 어린이에서부터 청소년, 성인에 이르기까지, 청바지는 남녀노소 모두가 즐겨 입는 그야말로 대중적인 옷이다. 옷장 문을 열어 보라. 적어도 청바지 한두 벌쯤은 갖고 있을 것이다. 청바지는 대중적인 옷이면서도 젊음을 가장 잘 대변하는 패션 아이템이기도 하다. 도시에 즐비한 스타벅스나 패스트푸드점은 그야말로 젊은이의 공간이다. 이러한 미국적 공간에 가장 잘 어울리는 옷 역시 미국이 만들어 낸 청바지일지도 모른다. 스키니진, 스트레이트진, 배기진 등 유행 따라 변하는 청바지를 맵시 있게 걸치고 거리를 누비는 젊은이들의 모습은 어딘가 싱그럽다. 그러나 이런 청바지에도 비밀은 숨겨져 있다. 매력적인 상품 뒤에 숨은 불편한 진실을 우리는 알려 하지 않는다. 우리가 흔히 입는, 어쩌면 오늘도 입었을 청바지가 어떤 과정을 거쳐 나에게 도달하는지를 추적해 보면, 그 속에 감춰진 불편한 진실과 마주하게 될 것이다.

자유와 평등을 외치며
세계화의 아이콘이 되다

청바지는 어떻게 미국의 상징이 되었나

미국의 역사는 동부에서 시작되어 서부로 확장하는 과정이었다. 사막에서 총잡이가 말을 타고 결투를 벌이는 장면을 담은 서부 영화는 이 과정을 추억하게 해 준다. 미국 북동부의 수많은 사람은 애팔래치아 산맥을 넘어 서부로 황금을 캐기 위해 몰려들었다. 이들 광부에게는 잘 떨어지지 않는 질기고 튼튼한 옷이 필요했다. 당시 가난한 이민자였던 리바이 스트로스Levi Strauss는 이를 간파하고 배의 돛이나 텐트를 만드는 질긴 캔버스천으로 작업복을 만들었다. 이것이 바로 우리에게 잘 알려진 리바이스Levi's라는 청바지의 출발인 셈이다.

이렇듯 서부 개척의 역사와 함께 청바지는 1850년대에 태어났다. 이

리바이스 청바지의 창시자 리바이 스트로스와 청바지를
입은 미국 서부의 광부들

때 남프랑스에서 생산된, 거칠고 질긴 면직물 데님이 이탈리아 제노아
항의 무역선을 통하여 수입되었다. 청바지를 뜻하는 진Jean이라는 말은
제노아Genoa라는 지명이 변하여 만들어진 것이다.

청바지의 색은 처음에는 갈색이었지만 미국 서부 지역에 많이 서식
하는 뱀을 쫓기 위해 뱀이 싫어하는 푸른색으로 변하였다. 이러한 청바

이탈리아 제노아항. 청바지를 뜻하는 진jean은 '제노아'라는 지명에서 기원한다

지는 1세기 동안 광부나 선원뿐만 아니라 서부의 카우보이, 농부가 입는 가장 실용적인 작업복이 되었다. 청바지는 노동자가 값싸게 오래 입을 수 있는 실용적인 옷으로 노동과 땀을 상징했다. 물론 이 당시 청바지는 지금의 모습과는 크게 달랐다. 오버롤즈Overalls라 불리는 멜빵청바지로 어깨 부위에는 멜빵이 달렸고, 지금처럼 벨트를 끼우는 루프는 없었다. 루프에 벨트를 끼우는 현재의 청바지는 1930년대에 등장하여 1950년대에 일반화되었다.

이러한 미국의 청바지가 세계로 뻗어 나갈 수 있었던 계기는 바로 제2차 세계대전이었다. 청바지를 유니폼으로 입었던 미군에 의해 청바지는 유럽과 아시아 등지에 처음으로 소개되었다. 전쟁이 끝나고 미군이 고국으로 돌아가자 데님 유니폼을 공급하던 유럽의 상점에 재고가 남기 시작했다. 이를 처분하기 위해 1940년대 후반부터 잉여 청바지를 팔면서 유럽 전역에 청바지가 보급되기 시작했다.

이처럼 서부 개척 시대에 탄생한 청바지는 광부와 개척자를 위해 만들어진 옷으로 미국의 도전 정신과 개척 정신을 담았다. 게다가 질기고 오래가는 원단의 특성은 미국의 대표 정신인 실용주의에도 잘 어울렸다. 그뿐만 아니라 청바지는 노동, 서부, 자연, 캐주얼, 자유, 젊음을 상징한다. 다양한 계층의 정신을 한데 녹인 패션 아이템인 것이다. 이것이 전 세계 수많은 사람들이 청바지에 매료된 이유일지도 모르겠다.

미국 뉴욕부터 이란 테헤란까지

우리는 일상에서 청바지의 세계화를 경험한다. 미국 서부 광부들의 작업복으로 시작한 청바지는 제2차 세계대전 이후 아프리카와 이슬람 국

히잡을 착용하고 청바지를 입은 채 거리를 걷는 이란 여성들

가 등을 포함한 전 세계 각지로 전파되었다. 오늘날 청바지는 일상복으로서 활동성과 견고함을 넘어 젊음의 상징으로 전 세계인의 사랑을 받는다. 또한 서구 대중문화 확산의 중요한 상징 중 하나가 바로 이 청바지다.

우리나라에 청바지가 들어온 것은 1950년대다. 한국 전쟁 당시 미군이 입었던 청바지가 우리나라 젊은 층을 중심으로 급속도로 퍼져 나갔다. 우리나라에서도 청바지는 개성과 유행의 상징이 되어 지금까지도 많은 사람이 즐겨 입는 평상복이 되었다.

청바지는 미국과 사이가 좋지 않은 이슬람 국가까지 침투해 들어갔다. 청바지가 이슬람 세계에 들어갔다는 것은 세계화의 힘이 그만큼 강

평등의 상징이 무색한 청바지의 계급 및 지형도

열렬한 청바지 애호가이자 패션 디자이너인 조르지오 아르마니는 청바지를 '진정한 패션 민주주의'라고 불렀다. 가난한 노숙자부터 억만장자 빌 게이츠까지, 어린아이부터 할아버지까지, 남녀노소 빈부 차별 없이 사계절 내내 누구나 입을 수 있기 때문이다. 장소나 행사도 가리지 않는다. 직장에서도, 고상한 오페라하우스에서도, 기업의 제품 발표회에서도 청바지를 입은 사람을 보는 게 어렵지 않다. 청바지를 입고 프레젠테이션을 하는 스티브 잡스, 마크 저커버그의 모습은 더 이상 낯설지 않다. 이제 청바지는 국가 정상의 만남에도 등장한다. 영화제 시상식에서 청바지를 입고 수상하는 모습도 낯설지 않다. 청바지는 이제 지역과 성별, 연령과 직업을 초월하여 모든 사람들이 즐겨 입는 옷이다.

그러나 노동자, 자유와 평등을 상징하던 청바지가 차츰 계급장을 달기 시작했다. 노동자, 히피, 청소년 등 평범한 사람이 입던 청바지가 프리미엄 브랜드로 다시 태어나기 시작한 것이다. 한 벌에 100만 원을 호가하는 프리미엄 청바지가 있으니, 청바지는 더 이상 평등의 상징이라고 하기엔 석연찮은 부분이 있다. 한 신문 기사에 실린 '청바지 계급 및 지형도'는 그래서 씁쓸하다. 유니클로에서 파는 몇 만 원의 청바지, 우리에게 널리 알려진 리바이스, 그리고 흔히 프리미엄 진으로 분류되는 디젤, 허드슨, 프리미엄 중에서도 상위에 있는 돌체앤가바나, 그리고 이를 무색케 하는 최상위의 발만까지. 이제 청바지는 더 이상 블루칼라, 즉 보통 사람의 옷만은 아니다.

청바지를 입은 채 프레젠테이션 자리에 오른 스티브 잡스

력하다는 증거다. 이슬람 국가 중 미국과 가장 사이가 좋지 않은 이란의 수도 테헤란 거리에서도 청바지를 입은 여성을 볼 수 있다. 구소련에서 공산주의 정부는 미국의 정신을 상징하는 청바지 수입을 금지했지만 젊은이 사이에서 번지는 청바지 열풍까지 꺾을 수는 없었다. 1990년대, 동유럽의 공산주의 정부가 붕괴되었고, 청바지는 현재 자유롭게 러시아로 수출된다.

우리가 한 벌의 청바지를 입기까지

영국 리 쿠퍼 청바지의 상품사슬

청바지는 평범함의 대명사이지만, 겉보기와 달리 그 제작 과정은 단순하지 않다. 가장 단순해 보이는 청바지도 20여 가지의 제작 과정을 거친다. 프리미엄 청바지의 공정은 두 배 더 복잡하다. 청바지의 제작 과정을 단순화하면 원단 선택, 디자인, 본뜨기(패턴), 재단, 바느질, 염색 가공(워싱 포함), 마감 등 크게 5단계로 분류할 수 있다. 때론 염색 가공과 마감 사이에 워싱이 이루어지며, 각 단계마다 수많은 선택과 공정이 존재한다. 이러한 청바지 제조 과정의 복잡성으로 인해 청바지의 상품사

슬을 추적하기란 쉽지 않다. 그뿐만 아니라 청바지 브랜드마다 상품사슬도 달라서 특정 브랜드를 대상으로 상품사슬을 추적할 수밖에 없다. 여기서는 영국의 리 쿠퍼Lee Cooper 청바지를 통해 청바지 한 벌의 상품사슬을 따라가 보기로 하자.

1908년에 시작된 리 쿠퍼 청바지의 역사는 벌써 100년이 넘는다. 리 쿠퍼는 세계 3대 청바지 브랜드 중 하나로, 세계적인 음악가들(비틀즈, 롤링 스톤스 등)이 광고 음악을 만들고 직접 모델로 활동해 더욱 유명해졌다. 리 쿠퍼 청바지를 만드는 이 다국적기업의 생산 과정을 보자.

런던에 있는 본사는 제품 생산을 결정한 후 청바지를 디자인한다. 디자인은 재능 있는 디자이너가 많고 관련 정보를 빠르게 수집할 수 있는 곳에서 이루어진다. 디자인이 결정되면 제품 생산에 필요한 원료를 구입하고 개발도상국에서 청바지가 만들어진다. 다국적기업은 각각의 생산 과정에 유리한 환경을 제공하는 국가를 이용해 제품을 생산한다. 베냉에서 면직물을 생산하고, 파키스탄에서는 청바지 주머니 소재로 사용하기 위한 면직물을 생산한다. 북아일랜드에서는 실을 만들고, 이 실은 스페인으로 옮겨져 염색된다. 이 염색한 실을 사용하여 아프리카 튀니지에 위치한 공장에서는 청바지를 바느질한다. 그리고 청바지에 부착되는 리벳 장식과 버튼(단추)은 나미비아산 구리와 오스트레일리아산 아연을 합금한 황동을 사용한다. 또한 패션 산업이 발달한 이탈리아 밀라노에서 데님(원단)을 만들고, 일찍부터 인디고 염색이 발달한 독일에서 염색을 하며, 터키의 경석(또는 부석)을 이용하여 스톤 워싱(세탁)을 한다. 그뿐만 아니라 프랑스에서는 지퍼를 위한 폴리에스테르 테이프를 생산하고, 일본에서는 지퍼 이빨에 쓰이는 철사와 실에 쓰이는 폴리에스테르

영국 시내의 리 쿠퍼 매장

섬유를 생산한다. 그리고 지퍼는 프랑스에 있는 일본 기업 YKK에서 만든 것을 사용한다.

이처럼 리 쿠퍼 청바지를 만드는 데 가장 기초가 되는 원료와 노동 집약적인 1차 제조 과정은 주로 노동력이 싼 아프리카에서 이루어지고, 염색 과정은 패션의 첨단을 달리는 이탈리아 밀라노나 독일에서 이루어진다. 청바지 한 벌을 생산하기 위해 최소 12개 이상의 국가로부터 원료와 부품, 노동력 등을 공급받는 것이다. 이렇게 만들어진 청바지가 최종 소비자에게 판매되는 곳은 본사가 있는 영국을 비롯한 세계 각 지역에 입지한 매장이다. 대부분의 청바지 라벨은 심플하다. "메이드 인 튀니지"라고 한 나라만 표기된다. 이것은 온당할까?

리 쿠퍼 청바지의 생산 과정에는 아프리카, 아시아, 유럽, 오세아니아

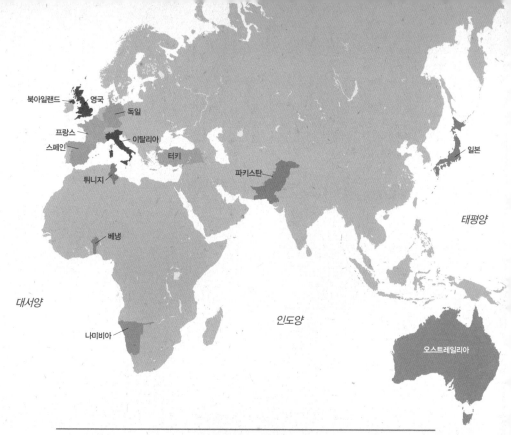

북아일랜드　영국

독일

프랑스
스페인　이탈리아

튀니지　터키

파키스탄

베냉

나미비아

일본

태평양

대서양

인도양

오스트레일리아

리쿠퍼 청바지의 상품사슬

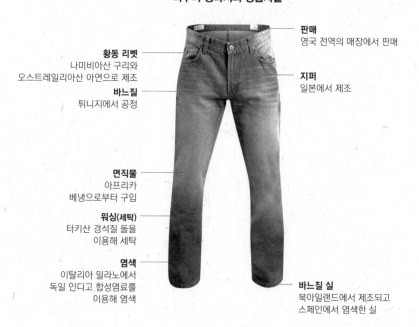

황동 리벳
나미비아산 구리와
오스트레일리아산 아연으로 제조

바느질
튀니지에서 공정

면직물
아프리카
베냉으로부터 구입

워싱(세탁)
터키산 경석질 돌을
이용해 세탁

염색
이탈리아 밀라노에서
독일 인디고 합성염료를
이용해 염색

판매
영국 전역의 매장에서 판매

지퍼
일본에서 제조

바느질 실
북아일랜드에서 제조되고
스페인에서 염색한 실

대륙에 있는 많은 관련 업체가 참여한다. 청바지의 상품사슬은 그야말로 경제의 세계화를 보여 준다. 청바지 생산과 유통, 소비 단계를 통해 우리는 세계화의 단면을 엿볼 수 있다.

청바지가
이렇게 불공정합니다

청바지의 상품사슬은 평범한 청바지 한 벌을 만드는 데 얼마나 많은 국가가 관여하는지 보여 준다. 영국의 한 청년이 입고 있는 청바지의 상품사슬을 따라가 보면, 훨씬 복잡한 경로를 발견하게 된다. 이 청바지 역시 "메이드 인 튀니지"라는 라벨이 붙겠지만, 실은 전 세계 많은 국가가 이 청바지를 만드는 데 관여한다. 청바지 생산에는 튀니지를 비롯한 미국, 베냉, 독일, 이탈리아, 터키, 프랑스, 일본, 파키스탄, 나미비아, 오스트레일리아, 영국, 헝가리, 스페인, 쿠웨이트까지 15개국이 직간접적으로 연결되어 있다. 비단 청바지뿐일까? 우리가 입는 다른 옷을 생산하는 데도 수많은 국가가 관여하고 있다. 어떻게 보면 우리는 옷을 입는 게 아니라, 지리를 입고 있는 셈이다.

　그렇다면 왜 영국이나 미국 브랜드의 청바지를 아프리카의 튀니지나 아시아의 파키스탄과 같은 국가에서 만드는 걸까? 미국은 왜 디자인과 마케팅만 담당할까? 이탈리아에서 직조된 데님이 청바지로 가공되기 위해 튀니지까지 그 먼 거리를 이동하는 이유는 무엇일까? 이 모든 것은 생산비 때문이다. 튀니지와 같은 제3세계는 선진국보다 생산비(제

우리는 청바지를 입는 게 아니라 세계를 입고 있다

이 청바지는 미국의 청바지
회사에 의해 디자인되었다.

이 데님은 베냉에서 자란 목화로
만들어졌으며 독일에서 만든 염료를 사용해
이탈리아에서 직조되고 염색되었다.

이 데님은 청바지로
가공되기 위해 배편으로
바다 건너 튀니지에
보내졌다.

터키 사화산에서 채취한 부석
덩어리로 스톤 워싱을 했다.

워싱 후 건조되고 다림질된
청바지는 배편으로
프랑스로 보내졌다.

이 청바지의 지퍼는
일본의 한 기업에 의해
프랑스에서 만들어졌다.

지퍼 이빨을 위해 일본에서
만들어진 황동선(놋쇠 철사)을
사용했다.

영불해협터널을 통해 트럭으로
영국에 운송된 청바지는 영국의 도시
리버풀의 한 의류매장에 입고되었다.

주머니 속 안감으로 사용된
부드러운 면은 파키스탄에서
재배된 목화로 직조되었다.

버튼은 독일에서
만든 황동(놋쇠)으로
만들어졌다.

황동을 위한 구리는
나미비아에서, 아연은
오스트레일리아에서 왔다.

이 청바지를 만드는 데 사용한
실은 영국, 터키, 헝가리에서
만들어졌고, 스페인에서
염색되었다. 또한 이 실을 위한
폴리에스테르 섬유는 일본에서
만들어졌다.

조 및 가공에 드는 노동비)가 매우 저렴하여 운송으로 인해 드는 비용을 상쇄하고도 남는다. 미국, 영국, 이탈리아 등 선진국 의류 노동자가 시간당 1만 원 이상을 임금으로 받을 때 튀니지의 노동자는 그 6분의 1에도 미치지 못하는 돈을 받는다. 우리가 청바지 한 벌을 살 때, 그 돈은 청바

지 브랜드를 소유한 회사에 25퍼센트, 운송비에 11퍼센트, 원료와 공장에 13퍼센트, 청바지 공장 노동자(청바지를 바느질하는 노동자)에게 1퍼센트, 청바지를 파는 가게에 50퍼센트가 돌아간다. 우리는 여기서 공장 노동자가 얼마나 노동력을 착취당하는지를 알 수 있다. 그들은 청바지 가격의 단지 1퍼센트밖에 얻지 못한다. 청바지의 상품사슬에는 세계화의 불공정한 면이 담겨 있다.

청바지의 상품사슬을
구성하는 요소

목화

청바지는 면으로 만든다. 우리가 흔히 말하는 면은 목화로 만든 직물이다. 목화 재배 농지는 전 지구의 농지 중 약 5퍼센트를 차지한다. 추위에 약한 목화는 아주 추운 지역만 제외하고 전 세계적으로 재배된다.

목화는 대개 무상無霜 일수*가 150일 이상 되는 온대기후 지역과 열대기후 지역에서 재배된다. 목화 재배에는 풍부한 물이 필요하지만 그렇게 많은 비를 요구하진 않는다. 목화의 대표적 원산지는 인도로 알려져 있다. 특히 인도 남부의 데칸고원은 세계적인 목화 산지로 유명하다. 데칸고원은 유동성이 큰 현무암이 흘러내려 만들어진 용암대지이며, 그 표면은 현무암의 풍화작용으로 생긴 흑색목화토인 레구르Regur가 덮고 있다.

세계 최대의 목화 생산국은 중국이고, 인도, 미국, 그리고 파키스탄이 그 뒤를 잇고 있다. 미국의 남부 지방은 과거 아프리카 노예를 활용한 목화 생산으로 유명하다. 캘리포니아도 목화 산지이다. 그 외 오스트레일리아를 비롯해 이집트, 아제르바이잔, 베냉, 터키 등도 목화 산지로 유명하다.

매일 수십억 명의 사람들이 천연섬유 또는 음식(기름)의 재료로 목화를 소비하고 있다. 목화에서 실을 빼내 면직물을 만든 지는 7000년도 더 되었다. 이집트, 멕시코, 페루 등지에서 오래 전부터 면직물을 만들었다. 하지만 오늘날 사용되는 면직물의 대부분은 군대에서 발명된 것이다. 면 티셔츠는 19세기 말 미국 해군이 처음 입기 시작했다. 원래는 울(모직)로 만들었던 군복 바지도 면 소재로 바뀐 후 인도에서 카키라는 이름이 붙여졌으며 제1차 세계대전 당시 미군의 제복이 됐다.

목화는 이집트산 목화를 최고로 친다. 러시아는 아제르바이잔산 목화에 우즈베키스탄 라벨을 붙여 판매한다. 이는 우즈베키스탄의 지리적

● 1년 중 서리가 내리지 않는 일수로 농작물 생육과 밀접한 관계를 갖는다.

세계적 목화 산지인 인도 남부의 데칸고원

조건이 고품질 목화를 기르기에 더 적합하다고 알려져 있기 때문이다. 이로 인해 아르마니아 셔츠와 같이 고급 제품에 들어가는 목화는 주로 이집트산이다. 반면 아제르바이잔산 목화는 청바지를 만드는 데 주로 사용된다. 보통 청바지는 고급 목화를 사용하지 않는다.

원단-데님

목화의 솜털은 공장으로 보내져 실로 가공되고, 실은 다시 직조하여 원단이 된다. 목화는 주로 제3세계에서 재배되고 있지만, 목화를 이용해 만든 청바지의 원단은 선진국에서 기원했다. 이는 과거 서구 열강이 그들의 식민지에서 목화를 가져와 원단을 만들었기 때문이다.

우리는 청바지 원단을 흔히 '데님Denim'이라 부른다. 데님의 기원에 대해서는 의견이 분분하다. 데님이 15세기 프랑스 님 지방에서 발명됐다는 설도 있지만, 보통 18세기 영국의 서지 드 님serge de Nîmes(프랑스 님 지방의 서지 천)에서 그 기원을 찾는다. 데님은 18세기 영국에서 미국 목화의 수요가 급격히 증가한 결과 등장했다고 한다. 더 많은 종류의 면직물이 개발되고 팔려 나감에 따라 면직물은 차별화가 필요했고, 서지 드 님은 영국식 발음에 따라 '데님'이라고 이름 붙여졌다고 한다.

데님 원단의 질감, 색상, 패턴, 마무리, 느낌 등은 원단 디자이너의 몫이다. 원단 디자이너는 청바지를 만드는 과정에서 첫 삽을 뜨는 사람이다. 데님의 색깔은 푸른색, 회색, 황갈색, 분홍색 등 다양하다. 백여 가지가 넘는 데님이 있을 정도다. 데님 생산으로 가장 주목받는 지역은 이탈리아다. 그러나 차츰 중국 등 인건비가 싼 지역에서도 직조되고 있다. 물론 프리미엄 데님은 여전히 이탈리아에서 생산된다. 이탈리아 사람은

'메이드 인 이탈리아' 데님에 엄청난 자부심을 느낀다. 최근에는 일본이 고급 패션 데님으로 국제적 명성을 얻고 있다. 일본 장인은 고가의 워싱에 진보적인 디자인, 고급 목화와 숙련된 방직 기술을 동원해 데님을 만든다. 이제 최고급 데님 생산국이 일본이라는 현실을 놓고 볼 때, 이탈리아는 혁신에서 약간 뒤처지고 있는 실정이다.

리벳

청바지에는 각종 리벳rivets이 부착된다. 이 리벳들은 무엇으로 만들까? 그리고 리벳이 하는 역할은 무엇일까?

청바지에 다는 리벳은 황동으로 만들어진다. 황동은 구리와 아연의 합금이다. 황동의 장점은 가볍고 녹이 쓸지 않는다는 것이다. 그렇다면 이러한 구리와 아연은 어디에서 많이 생산되는 걸까? 구리를 가장 많이 생산하는 나라는 남미의 칠레다. 우리에게 칠레는 세계에서 가장 긴 나라, 포도가 많이 생산되는 나라 정도로 알려져 있지만, 구리 역시 가장 많이 생산하는 자원 부국이다. 그다음으로 페루, 미국, 중국, 오스트레일리아, 나미비아, 인도네시아, 잠비아, 캐나다 등도 구리를 많이 생산한다. 아연은 오스트레일리아, 러시아, 카자흐스탄, 미국, 캐나다, 중국 등지에서 많이 생산된다. 아연 함량이 5퍼센트를 넘게 되면 생산성이 있어 그 지역에서는 원광을 추출할 수 있다. 아연은 주로 합금용으로 사용되는데, 철강재의 부식을 막기 위한 아연 도금(생산량의 50퍼센트 정도) 또는 아연과 구리의 합금인 황동(생산량의 20퍼센트 정도)을 만드는 데 사용된다.

청바지에 리벳을 사용한 역사는 리바이스 청바지를 만든 리바이로부터 시작되었다. 그의 고객 중 한 사람은 옷이 자주 틀어진다는 불만을

청바지에 부착되는 각종 리벳들. 리벳은 광부들이 입고 있는 청바지가
그들의 작업에 방해되는 요소를 줄이기 위해 고안된 산물이다.

칠레의 구리 광산

제기했다. 그는 더 이상 주머니가 찢어지지 않게 해달라고 요구했고, 이를 해결하기 위해 고안한 것이 리벳이다. 리바이는 리벳을 사용하여 주머니를 고정시켰다. 리벳으로 고정된 주머니는 아무리 강한 힘을 주어도, 어떠한 연장을 넣더라도 찢어지거나 늘어지지 않았다. 이처럼 청바지에 리벳이 부착된 이유는 박음질한 부분이 틀어지지 않도록 고정하기 위해서였다.

염색

지금은 다양한 색상의 청바지가 출시되지만, 청바지 하면 대개 청색을 떠올리게 된다. 그렇다면 청바지의 푸른색은 어디에서 기원한 것일까? 검정이나 붉은색이 아니라 푸른색인 이유는 무엇일까?

사실 답은 간단하다. 청바지가 청색을 띠는 이유는 청바지의 태생이 '광부의 작업복'이었기 때문이다. 광부가 작업하는 곳에는 뱀이 많았는데, 뱀은 청색을 싫어한다. 그리하여 리바이는 뱀을 피해 일하는 광부를 위해 인디고 블루로 염색한 바지를 만들기 시작했다. 인디고 블루는 식물 염료인 인디고를 사용해 물들인 청색을 말한다. 1930년 미국의 소설가 겸 사회비평가인 업튼 싱클레어가 사무직 노동자를 통칭하는 '화이트칼라'라는 단어를 처음 사용한 이래, 이에 반대되는 개념으로 육체 노동자를 통칭하는 단어로 '블루칼라'가 자연스럽게 생겨난 것도 청바지와 무관하지 않다.

인디고로 염색한 데님을 자세히 살펴보면, 데님의 안쪽 면은 염색되지 않은 채 하얀 상태로 남는다. 인디고 염료는 약해서 실의 표면에만 염료가 부착되기 때문이다. 이것이 바로 데님의 특징인 바랜 듯한 청색과 백색의 대비를 만들어 내고, 청바지만이 가진 개성을 완성한다. 인디고는 농도나 염색하는 횟수에 따라 다양한 색상이 나타난다.

요즘 천연 인디고는 옷 염색에 거의 사용되지 않는다. 1897년 독일의 한 실험실에서 인디고의 화학적 성분을 분석해 같은 구조를 가진 합성염료를 만들어 내면서 천연 인디고가 합성 인디고로 대체됐기 때문이다. 그리하여 독일 하면 합성 인디고 염색의 대명사로 통하게 되었다. 청바지의 상품사슬 중 왜 유독 독일이 인디고 염색을 하는 곳으로 두드러지는지 알 수 있는 대목이다.

워싱

청바지는 워싱(세탁)이라 불리는 과정을 거친다. 워싱이란 청바지를 찢고 두드리고 사포로 문지르고 진하게 물들이는 등 화학 처리를 하는 과정을 말한다. 대개는 세탁기를 이용하는데 워싱에 사용되는 세탁기는 매우 커서 한꺼번에 많은 청바지를 워싱할 수 있다. 워싱 과정을 통해 청바지는 찢어지고, 다양한 색을 띠고, 해지고, 색이 빠지고, 천 조각이 덧대어지고, 두들겨지고, 또 눈에 보이지 않는 갖가지 공정을 거쳐 착색된다. 고급 프리미엄 청바지는 수천 명의 인력을 고용해 손으로 데님을 사포질하고 찢는다.

워싱에 사용되는 도구는 다양하다. 유리, 사포, 다이아몬드, 가루 경석, 효소, 화학 물질 또는 기계 등이 동원되어 마찰을 일으킨다. 워싱 방법 중에서 스톤 워싱stone washing이란 게 있다. 현재까지 데님의 워싱 기법으로 가장 널리 쓰이고 있는 스톤 워싱은 1975년 일본 회사인 에드윈Edwin에 의해 처음 개발되어 붐을 일으켰으며, 1979년 이후 전 세계

노동자들이 큰 수조에 원단을 담가 발로 밟으며
인디고 염색을 하고 있다.

거대한 산업용 세탁기에 청바지와 함께
경석을 넣어 스톤 워싱을 하고 있다.

스프레이로 화학약품을 분사해 다양한
색을 입히고 있다.

다양한 방식으로
워싱되는
청바지들

전기 사포를 이용해 탈색과 동시에
천이 해지고 부드러워지도록 하고
있다.

스프레이를 이용해 인디고 블루를 옅은
색으로 탈색시키고 있다.

로 보급되었다. 스톤 워싱은 화산 활동으로 떨어져 나온 경석(또는 부석)을 사용한다. 산업용 세탁기 내부에 청바지와 함께 많은 경석을 넣어 돌리는데, 경석은 터키산이 많다. 그래서 청바지 상품사슬에서 워싱은 주로 터키에서 한다.

그러나 현재 데님 워싱 부분에서 가장 앞선 국가는 일본이다. 일본에서는 청바지가 작업복으로 사용된 역사가 없어, 빈티지가 된 전후 청바지를 따라하려는 욕심에서 다양한 워싱 방식을 개발했다. 덕분에 일본은 프리미엄 청바지의 혁신을 이뤘고 세계적인 명성을 얻었다.

지퍼

청바지를 여닫는 데는 원래 버튼 플라이(단추를 사용하는 여닫이) 방식이 사용되었다. 그러다가 지퍼가 발명되고 실용화되면서 청바지에도 지퍼가 사용되었다. 그렇다면 청바지에 사용되는 지퍼는 어디에서 누가 만든 것일까?

전 세계에 걸쳐 1,000여 개 회사가 치열하게 경쟁하는 가운데 한 회사의 지퍼 시장점유율이 무려 절반을 차지한다. 바로 일본 지퍼회사 YKK다. YKK의 시장점유율은 45퍼센트에 달한다. 그 뒤를 잇는 독일 옵틸론과 미국 탤런의 시장점유율은 각각 7~8퍼센트다. 그 외 시장은 중국기업 1,000여 개가 나누어 가진다.

원래 지퍼의 명칭은 미끄러지며 잠근다는 의미의 '슬라이드 패스너 slide fastener'였는데, 1921년 미국의 제조회사 굿리치가 지퍼로 장화를 열고 닫을 때 나는 '지-지-지프Z-Z-ZIP'라는 소리를 본뜬 상표 이름을 개발하면서 본래의 명칭이 바뀌게 되었다. 그러니까 지퍼는 상표가 장

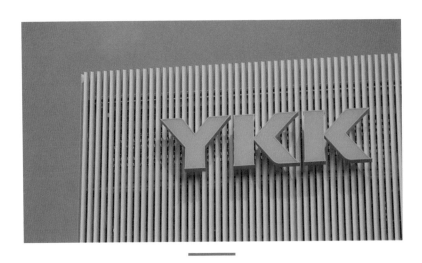

지퍼 시장을 장악한 일본 기업 YKK

치의 이름을 대신한 경우다.

　지퍼 하면 'YKK'라는 단어를 떠올릴 만큼 우리가 입고 있는 여러 종류의 옷에 달린 지퍼를 살펴보면 YKK란 글자를 쉽게 발견할 수 있다. YKK는 지퍼를 만든 일본의 요시다공업주식회사Yoshida Kogyo Kabushikikaisha(1934년 설립)의 약자다.

재단과 바느질

이탈리아, 일본, 중국 등지에서 만들어진 데님 원단은 주로 제3세계 국가의 의류 공장으로 보내져 재단과 바느질을 거쳐 청바지로 태어난다.

　지난 40여 년간 섬유·의류 산업은 국제 규제 속에서 무역이 이루어져 왔다. 국제 규제란 1973년에 체결되어 2005년 1월까지 존속된 '다자간섬유협정MFA'을 말한다. 1970년대에 들어서면서 개발도상국의 섬유·의류 산업 성장률이 선진국을 능가하였다. 그리하여 선진국은 자국의 산업을 보호하기 위해 섬유·의류 품목에 대해 수입 쿼터제*를 실시했는데, 그것이 다자간섬유협정이다. 다자간섬유협정에 따라 개발도상국의 수출 물량은 제한되었다. 그러다가 1995년 자유무역을 지향하는 세계무역기구WTO가 출범하면서 다자간섬유협정은 10년간의 유예 기간을 두고 철회되었고 2005년 완전 철회되었다.

다자간섬유협정 폐지로 가장 큰 혜택을 본 대륙은 아시아다. 그중에서도 중국, 인도, 방글라데시, 스리랑카, 캄보디아, 인도네시아, 베트남, 태국, 네팔, 라오스 등 많은 개발도상국이 큰 이득을 보았다. 아메리카에서는 멕시코, 미국, 브라질, 온두라스, 과테말라에서 의류 생산이 많으며, 아프리카에서는 모리셔스, 튀니지, 레소토, 유럽의 경우 루마니아, 폴란드, 러시아, 그리고 이탈리아가 의류 산업을 주도한다. 이들 국가에서는 세계 섬유·의류 시장에서 차지하는 점유율이 계속 늘었다. 섬유·의류 산업은 비교적 단순한 기술과 많은 노동력을 요하는 반면 원료 수송비가 저렴하기 때문에 개발도상국에서 상당히 활발하게 이루어지고 있다. 따라서 노동비가 저렴한 개발도상국에서 섬유·의류 산업에 대한 경쟁력이 상대적으로 높다고 볼 수 있다. 청바지를 만드는 의류 산업의 경우 재단 과정에서는 상당한 기술혁신이 이루어졌다. 그러나 아직도 바느질, 실밥 처리, 다리미질 등 의류 제작 과정에서 많은 노동력이 요구된다. 이에 따라 선진국의 다국적기업은 개발도상국의 중소기업에 하

● 수입 관리 제도의 하나이다. 정부가 국제 수지를 조절하고 국내 산업을 보호하기 위해 일정 상품에 대해 미리 그 수입 총량과 각국별 또는 수입업자별로 할당량을 결정하여, 그 한도 내에서 수입을 승인하는 제도이다.

청을 주고, 여기서 완성된 청바지는 다시 선진국으로 판매된다.

청바지 상품사슬을 통해 알 수 있는 것

청바지의 생산과 소비 활동은 지구를 가로질러 상호의존적으로 이루어진다. 따라서 우리가 청바지를 소비하는 행위는 다른 국가의 생산자에게 영향을 미친다. 가히 세계 여행이라고 불릴 만한 청바지의 상품사슬을 통해 우리는 더 촘촘해진, 세계의 상호의존성을 이해할 수 있다.

이제 우리는 청바지 라벨에 '메이드 인 차이나', '메이드 인 이탈리아', '메이드 인 유에스에이', '메이드 인 튀니지', '메이드 인 파키스탄'이라고 찍혀 있더라도 이를 곧이곧대로 받아들이지 않을 것이다. 청바지 한 벌은 전 세계를 돌아다니며 완성되기 때문이다.

청바지는 단순히 섬유와 실의 조합으로 이루어진 상품이 아니라 노동자의 눈물과 땀, 희망과 꿈이 담긴 제품이다. 우리가 입는 청바지는 대부분 제3세계에서 만들어진 것이다. 즉 제3세계 노동자가 만든 청바지가 전 세계 의류 매장 진열대를 장식하는 것이다. 청바지의 상품사슬은 저임금으로 착취당하는 제3세계 국가의 노동 현실을 알려 준다. 저렴한 상품들이 어떻게 만들어지겠는가? 누가 이런 것을 만들고 있다고 생각하는가? 우리가 적절한 값을 지불하지 않는다면 상품사슬 가장 아래에 있는 누군가가 그 부담을 지게 될 것이다. 가장 아래에서 대가를 치르는 사람은 다름 아닌 제3세계 목화 재배자이거나 생산 공장의 노동자다.

청바지의 상품사슬은 이처럼 청바지 라벨 뒤에 숨은 다양한 사람의 이야기를 들려준다. 청바지 생산에 관여하는 목화밭 노동자, 생산 공장의 노동자 말이다. 나아가 청바지 한 벌에 담긴 국제 경제 시스템, 자유 무역의 논리와 모순, 그리고 이것이 평범한 노동자의 삶에 미친 영향까지 깨닫게 해 준다. 이제 매장에 걸린 수많은 청바지를 볼 때면, 옷장에 걸린 청바지 중 한 벌을 골라 입을 때면, 우리가 가보지 못한 곳에 사는 사람, 청바지에 대해 전혀 다른 경험을 한 사람이 우리에게 말을 걸어올 것이다. 청바지 한 벌에 담긴 갖가지 이야기가 세상을 좀 더 공정한 방향으로 변화시킬 수 있기를 바랄 뿐이다.

청바지에 숨겨진 눈물, 노동 착취 공장을 가다

목화 재배 농부와 조면실의 노동자

목화는 가장 노동 집약적인 작물 중 하나다. 기후에 따라 성장 정도가 달라서 많은 국가에서는 아직도 목화를 골라내기 위해 손으로 수확한다. 목화밭에서 일하는 노동자는 하루 종일 허리에 매단 수확용 자루를 질질 끌면서 땡볕 아래 목화밭을 누빈다. 그러나 힘겨운 노동에 비해 그들이 받는 대가는 매우 적어 아무리 열심히 일해도 가난을 벗어나기 힘들다. 그뿐 아니라 목화를 재배하는 농부는 아주 열악한 환경에서 일한다.

　수확한 목화는 실을 만들기 위해 조면실로 옮겨지는데 조면실은 소음이 매우 심해 비명을 질러도 소음에 묻혀 들리지 않을 정도다. 조면실에 날아다니는 목화 보풀뿐 아니라 목화 공정에 사용되는 화학물질 역시 큰 문제가 된다. 노동자는 쉽게 병에 걸리고, 그 때문에 일을 그만두기도 한다. 면폐증이라고 불리는 직업병은 대개 면직물을 생산하는 일과 연관되어 있다. 살충제, 곰팡이, 박테리아, 흙 등이 포함되어 있는 목화 먼지를 흡입한 결과 면폐증이 발생하는 것이다. 이 질병은 오늘날에도 수많은 노동자를 공격해, 많은 이들이 가슴 통증, 호흡 곤란을 비롯한 심각한 호흡기 문제를 겪고 있다.

청바지 생산 공장은 스웨트숍이다

청바지 생산 공장은 컨베이어벨트 시스템을 도입하여 생산 속도와 생산성을 향상시켰다. 그러나 청바지 생산의 완전한 자동화는 불가능하다. 여전히 많은 공정에 사람의 손이 필요하다. 특히 바느질은 자동화가 어려워서 재봉사가 직접 하는데, 재봉사는 대부분 젊은 여성 노동자이거나 미성년 노동자다.

청바지 생산은 매우 노동 집약적인 산업이다. 따라서 청바지는 과테말라, 방글라데시, 필리핀 같은 제3세계 국가에서 생산된다. 로스앤젤레스, 뉴욕, 토론토, 시드니, 런던과 같은 선진국 도시에서는 이민자나 소수 인종이 세계 최저임금 수준의 보수를 받으며 노동 착취 공장에서 바느질을 해 청바지를 만든다. 여성 노동자는 밤낮 없이 재봉틀을 돌리다가 과로사로 쓰러지기도 한다. 때로는 학대와 모욕, 폭력에 시달리기도 한다. 이렇게 열악한 환경에서 일하는데도 노동자는 부당한 처사에 쉽게 저항하지 못한다. 이 일자리를 잃으면 가뜩이나 어려운 생계가 더 막막해지기 때문이다.

개발도상국의 청바지 생산 공장은 한마디로 노동 착취 공장(스웨트숍

sweatshop)이며, 인권 침해 상황은 점점 더 나빠지고 있다. 대부분의 노동자는 근로계약서를 작성하지 않은 채 일하고 있다. 노동조합을 결성할 권리가 주어지지 않아서 부당한 처우에 항의하지도 못한다. 계약서가 있어도 제대로 지켜지지 않는다. 공장주는 출산 휴가와 건강보험, 해직 수당을 피하려고 임시직 노동자만 고용한다.

이들 노동자들이 공정한 대가를 받으며 청바지를 만들 수는 없는 걸까? 아마도 그런 청바지는 매우 비쌀 것이다. 노동 착취 공장의 여성 노동자와 환경에 더 많은 비용이 지불되어야 하기 때문이다. 자본주의 시장경제 체제 내에서 공정한 방식으로 생산된 청바지는 현실적으로 존재하지 않는다. 그러나 우리는 '소비자'로서 선택권을 갖고 있고 우리가 쥔 권력을 건설적으로 이용할 수 있다. 바로 나쁜 상품 대신 상대적으로 좋은 상품을 선택하는 것이다.

의류 염색 산업, 환경문제의 주범!

목화 재배와 환경문제

목화는 선과 악의 얼굴을 동시에 지니고 있다. 목화는 우리 삶을 윤택하게 하지만, 목화 재배 과정은 환경파괴의 주범이다. 비옥한 토지는 망가지고, 호수와 강은 마르며, 농약과 살충제로 물은 오염된다. 지구상의 농지 중 고작 5퍼센트에서 목화 재배가 이루어지지만, 이 과정에서 세계 살충제의 4분의 1이 소비된다. 목화 재배에는 다른 어떤 작물보다

쉴 새 없이 재봉틀을 돌리는
여성 노동자들

독한 살충제가 사용된다. 살충제는 해충으로부터 목화를 보호하여 생산량을 늘리지만, 이내 내성이 생겨 더 많은 양의 살충제를 쓰는 악순환을 부른다. 이 살충제 때문에 수많은 농민이 중독되고 막대한 농경지도 오염된다. 그뿐 아니라 농경지 근처를 흐르는 강물도 오염되어 그 강물을 식수원으로 삼고 있는 많은 사람에게도 피해가 간다.

더구나 미국에서 재배되는 목화의 절반 이상은 유전자가 조작된 것이다. 유전자 조작 목화는 세계적인 농업 기술 회사인 몬산토Monsanto에 의해 처음으로 상품화됐다. 미국의 목화는 유전자 변형을 통해 씨앗 자체에 살충제 성분을 포함한다.

최근 환경적인 측면에서 유기농 목화가 인기를 끌고 있다. 여러 브랜드가 현재 100퍼센트 유기농 목화로 만든 의류를 선보이고 있다. 이를 처음 시도한 나이키는 자사가 의류용 유기농 목화의 최대 구매자라고 홍보한다. 하지만 유기농 목화가 만병통치약이 될 수는 없다. 유기농 목화의 수확량은 적을 수밖에 없고, 일반 목화보다 더 많은 노동력, 땅, 물을 필요로 한다.

워싱과 환경문제

워싱 과정은 환경문제를 비롯해 여러 가지 문제를 야기한다. 워싱 과정에 많은 화학 물질이 사용되기 때문이다. 워싱 과정에 종사하는 노동자는 매일 노출되는 수많은 화학 물질로부터 자신을 보호하기 위해 특수 인공호흡기, 부츠, 작업복, 장갑, 보안경 등 여러 가지 장비를 구비해야 한다. 청바지 워싱 공장에서 일하는 사람은 화학 물질이 담긴 수많은 양동이에 청바지를 담그고 빼는 일을 반복하고 천장 금속 봉에 달린 스프

베냉의 목화 재배지. 목화 재배 시 사용되는 살충제는
그 지역의 환경과 노동자들의 건강을 해친다.

청바지 워싱에 사용하는 과망간산칼륨과
포름알데히드가 함유된 레진에는 강력한 독성이 들어 있다.

레이를 청바지에 뿌려 댄다. 이 스프레이에서 나오는 액체는 보라색 과망간산칼륨이다. 벽과 바닥은 이내 합성수지로 뒤덮이고 노동자의 장비도 완전히 보라색으로 물든다. 경석을 이용한 스톤 워싱도 환경단체의 비난을 사고 있다. 스톤 워싱에 전 세계의 모든 경석이 동원되다시피 하기 때문이다. 경석 채취로 뉴멕시코, 터키를 비롯한 여러 곳의 생태계가 파괴되고 있다. 그뿐만 아니라 청바지에 다양한 효과를 내기 위해 화학약품을 분사하거나, 과도한 염색을 하거나, 독성 물질인 포름알데히드를 함유한 레진으로 코팅해 오븐에 구워 내기도 한다. 워싱은 청바지 제조 과정에서 가장 환경 파괴적인 공정이라고 할 수 있다.

염색과 환경문제

면은 옷감이 되기 위해 염색 과정을 거친다. 염색에는 독성이 강한 화학물질이 사용된다. 섬유 산업에서 공기, 토양, 수질 오염을 유발하는 엄청난 양의 독성 성분은 대부분 염색 과정에서 나온다. 감시의 눈길이 없을 경우 개발도상국은 하수 처리를 생략하고 독성 물질을 무단 방류하기도 한다.

면직물 공장 인근에는 염료를 풀고 워싱하고 가공하는 데 쓰일 수원지가 있어야 한다. 인디고 염색이 환경에 주는 피해는 다른 의류 염색에 비해 덜하긴 하다. 그러나 인디고 염색을 위해서는 면직물을 수차례 염료에 담가야 하고 이 과정에서 많은 하수가 발생한다. 수질 오염을 방지하기 위해 실시하는 하수 탈색 과정에서 사용한 물을 다시 수원지로 돌려보내는데 물의 색만 변할 뿐 화학물질은 제거되지 않는다.

대개 염색에 종사하는 노동자는 여성이다. 여성 노동자의 4분의 1은 항상 유해 성분에 노출되어 있어, 방광암이 발병할 가능성이 높다. 수은과 납 같은 특정 중금속은 임산부의 태반을 통해 태아에 영향을 미쳐, 유산을 유발하곤 한다. 화학물질을 다루는 일은 매우 위험하고 그래서 안전은 모두에게 중요한 문제다. 이처럼 청바지 한 벌에는 보이지 않는 많은 문제가 있고 이것은 지금 이 순간에도 현재진행형이다.

스마트폰,
손 안에
펼쳐진
또 하나의
세상

두 번째

"불혹의 나이가 된 휴대전화가 인류사를 바꿨다.
탄생 40년 만에 휴대폰이 삶과 일,
놀이의 중심에 자리 잡으면서 호모 사피엔스Homo Sapience는
호모 모빌리언스Homo Mobilians로 진화했다."

_ 전자신문, 2013

호모 모빌리언스,
손 안의 세상에 빠지다

손 안에서 펼쳐지는 또 하나의 세상이 있다. 2007년 애플의 아이폰으로 시작된 스마트폰은 말 그대로 '손 안에서 모든 것이 가능해지는 세상'의 문을 열었다. 오늘날 휴대전화, 특히 스마트폰 없는 세상을 상상이나 할 수 있을까? 스마트폰처럼 단시간에 인간의 습관을 바꿔 버린 물건이 있나 싶을 정도다. 한마디로 지금 우리는 호모 모빌리언스Homo Mobilians로 진화하고 있다. 앞에 인용한 글은 몇 년 전 한 신문사가 타이틀 면에 게재한 내용이다. 당시 포브스 등 외신에서도 40년밖에 안 된 휴대전화 기술이 광범위한 분야에 적용되면서 300년이 넘은 기술보다 많은 변화를 가져왔다고 보도했다. 2012년 카이스트 이민화 교수가 주창한 '호모 모빌리언스'라는 개념은 모바일 기기를 사용하는 신인류를 지칭하는 말이다.

호모 모빌리언스로 진화한 현대인들.
스마트폰 없이는 일상생활이 거의 불가능해졌다.

스마트폰은 인간의 오감과 융합해 인간의 일부분이 되고 있다. 인터넷과 결합한 스마트폰이 등장하면서 전화기는 통신수단을 넘어 삶의 형태마저 바꾸는 혁신의 상징이 됐다. 우리는 스마트폰을 매개로 모두 연결된다. 디지털 시대의 핵심은 스마트폰이라 해도 과언이 아니다. 어쩌면 스마트폰의 등장은 산업혁명 이상의 변화를 인류에게 가져다줬는지도 모른다. 더욱 놀라운 건 스마트폰이 세상에 나온 지 불과 10년밖에 되지 않았다는 사실이다. 바로 2007년 6월, 애플의 아이폰 출시가 그 시발점이었으니까 말이다.

모토로라와 노키아는 지고 애플은 뜨고!

세계에서 처음으로 휴대전화를 내놓았던 기업은 미국의 모토로라다. 한때 휴대전화 하면 모토로라, 모토로라 하면 휴대전화로 통할 정도였다. 무전기 같은 묵직한 휴대전화를 쓰던 시절 모토로라는 전 세계 시장을 휩쓸었다. 그러던 어느 날, 미국이 장악하던 휴대전화 시장에 새로운 강자인 핀란드의 노키아가 등장했고, 곧장 1위를 차지하기 시작했다. 불과 2008년까지만 해도 세계 휴대전화 시장에서 노키아의 점유율은 40퍼센트에 육박했다. 핀란드 헬싱키에 본사를 둔 노키아가 오랫동안 세계 휴대전화 시장에서 1위를 유지할 수 있었던 이유는 무엇일까? 핀란드 정부는 유럽 어느 나라보다 먼저 시장 개방 정책을 실시했다. 그리고 높은 수준의 과학 기술과 경쟁력도 갖추었으며, 새로운 기술을 신속히 받아들였다. 또한 유럽 통합으로 인해 시장이 확대되는 호재까지 누렸다. 그러나 2007년 애플이 아이폰으로 모바일 혁명을 일으키면서 상황은 돌변했다. 노키아는 이 새로운 모바일 혁명에 미처 대처하지 못했고 결국 뒤처지고 말았다. 세계 첫 휴대폰을 내놓았던 모토로라는 구글에 인수되었고, 노키아는 몰락의 길을 걸었다. 스마트폰의 등장으로 휴대전화 산업의 생태계가 바뀌기 시작한 것이다. 제조업 위주였던 휴대전화 시장은 운영 체계os와 애플리케이션까지 영역을 확대한 것이다.

이처럼 스마트폰은 휴대전화 산업의 지형을 완전히 바꾸어 버렸다. 정보 통신 시장의 중심이 인터넷에서 스마트 모바일로 급속히 전환되면서 변화와 혁신을 이루지 못한 기업은 한순간에 추락하게 된다. 현재의 성과에 안주하는 대신 미래 경쟁력을 갖추는 것이 무엇보다 중요하다. 스마트폰 분야에서 혁신을 일군 애플은 아이폰 하나만으로 제너럴 일렉트릭, 마이크로 소프트, 엑슨 모빌, 월마트 등, 다른 어떤 다국적기업보다도 더 많은 매출을 올리고 있다.

휴대전화 산업 지형을 뒤바꾼 스마트폰

아이폰 상품사슬,
내 손 안의 세상을 만나기까지

아이폰6의 외형과 내부는 어떤 모습일까?

아이폰은 어떤 과정을 통해 우리 손 안에 들어올까? 아이폰의 글로벌 상품사슬을 추적하면, 우리가 알지 못했던 아이폰의 또 다른 세상을 만날 수 있다.

애플의 아이폰6는 크게 외형과 내장 부품, 하드웨어, 소프트웨어 등으로 구성된다. 외형은 검고 매끈한 크롬 재질이며 액정은 기존에 비해 다소 커진 4.7인치이다. 배터리(1750밀리암페어), 스피커, 마이크, 스크린 등 무수한 부품과 카메라, A8 프로세스와 1기가바이트 메모리 등 하드웨어, 그리고 운영체제 IOS8 등으로 구성된다. 아이폰6 외형의 뒷부분 아래를 유심히 살펴보면, 아이폰은 "미국 캘리포니아에서 디자인되고, 중국에서 조립된다"고 표기되어 있다. 여기서 알 수 있듯이 아이폰의 디자인과 마케팅은 미국이 담당하고, 여러 부품을 단순히 조립하는 작업은 노동비가 싼 중국에서 이루어진다. 다른 다국적기업과 마찬가지로 애플의 아이폰 제조에서도 노동의 공간적 분업이 일어나고 있다. 즉 첨단산업의 특성에 맞는 고도의 과학 기술과 자본을 필요로 하는 연구 개발 활동은 선진국에서, 조립과 같은 노동 집약적 단순 활동은 노동비가 저렴한 개발도상국에서 이루어지는 것이다.

아이폰6의 분해 모습

아이폰을 분해하면 또 하나의 작은 지구촌을 만나게 된다. 오늘날에는 하나의 제품을 생산하기 위해 여러 국가의 기업 간 분업이 이루어지고 있다.

아이폰의 글로벌 공습사슬

자료: ADBI 하나금융경영연구소, 2009년

공장 없는 애플, 글로벌 부품 시장을 지배하다

아이폰6는 미국 캘리포니아 주에 있는 애플에서 핵심적인 기술 개발과 디자인이 수행되지만, 이를 구성하고 있는 부품은 아시아, 미국, 유럽 등 여러 나라에서 공급받아 만들어진다. 이러한 부품은 중국에서 조립되어 아이폰으로 완성된다. 이렇게 조립된 아이폰은 미국으로 운반되고, 다시 전 세계로 유통된다. 애플의 전 세계적인 협력 업체는 매우 다양하다. 국가별 협력 업체 수를 살펴보면, '세계의 공장' 중국에 349개, 일본에 139개다. 한국에는 32개뿐이다. 애플 협력 업체는 의외로 많은 31개 국가에 산재해 있음을 알 수 있다(2014년 기준). 전 세계에 협력업체가 있지만 미국의 많은 기업체가 여전히 아이폰 사업에 참여하고 있고 미국 정부는 자국 내 부품 생산을 촉진하고 있다. 현재까지 아이폰6에 들어가는 부품 중 대다수는 아시아 기업에서 생산된다.

기존의 아이폰은 삼성에서 만든 애플리케이션 프로세스AP를 사용했지만, 아이폰6에 들어가는 A8 프로세스는 대만 기업인 TSMC가 제조한 것이다. 한편, 애플은 아이폰5에서 SK하이닉스와 미국 마이크론사의 모바일D 램을 사용했다. 그러나 아이폰6에서는 2년 만에 다시 삼성전자와 계약을 맺고 모바일D 램을 공급받았다. 아이폰6의 고해상도 액정 표시 장치LCD인 레티나 디스플레이는 LG디스플레이와 재팬디스플레이 등이 주로 생산하고 있다. 아이폰6의 OIS 카메라 모듈은 LG이노텍, 삼성전기 등이 생산하고 있다. LG이노텍은 스마트폰 내부 부품 회로를 연결하는 인쇄 회로기판PCB 역시 애플에 공급하고 있다. 또한 배터리 생산에도 LG화학과 삼성SDI가 참여했다. 애플은 이처럼 세계 각국으로부터 부품을 공급받아 중국 광둥성의 선전, 허난성의 장저우, 산시성의 타이위안 공장에 입주한 대만의 오디엠ODM 업체인 폭스콘Foxconn을 통해 아이폰을 조립하고 있다. 또한 아이폰6는 브라질 상파울루에 위치한 폭스콘 공장에서도 조립되고 폭스콘뿐만 아니라, 중국 상하이 공장에 입주한 타이완 오디엠 업체 페가트론Pegatron에서도 조립된다. 4.7인치 아이폰6는 폭스콘이 70퍼센트, 페가트론이 30퍼센트를 생산 담당했으며, 5.5인치 아이폰6 플러스는 폭스콘이 전량 생산한다.

그렇다면 왜 애플은 군이 전량을 대만 제조업체를 통해 중국에서 조립하도록 하는 것일까? 앞에서 말했듯 인건비 때문이다. 오른쪽 페이지의 그림은 이를 여실히 보여 준다. 8700명의 엔지니어가 20만 명의 노동자를 관리하는 데 미국은 9개월, 중국은 15일이면 가능하다는 것을 강조한다. 즉, 미국에는 생산에 필요한 노동 인력이 부족하기 때문에 조립 생산을 중국에 하청 주는 것이 정당하다는 주장이다.

다국적기업의 국제 분업이 빈번해지면서 생산 공장에서의 노동력 착취와 인권 문제는 항상 문제가 되고 있다. 중국의 아이폰 조립 공장 폭스콘과 페카트론 역시 예외는 아니다.

폭스콘 공장에서는 지난 2010년부터 2011년 사이에 생산 라인 근로자의 잇따른 자살 사건이 일어났다. 이를 통해 전 세계가 아이폰을 조립 생산하는 폭스콘 공장의 위험한 근로환경, 저임금, 엄청난 근로 시간 등에 관심을 쏟기 시작했다. 사태의 심각성을 파악한 애플은 공장 근무 수칙을 발표하고 조립 라인 일부를 상하이 페가트론 등으로 이전하는 조치를 취했다. 오른쪽 페이지의 그림은 이러한 문제로 최근 어려움을 겪은 애플의 새로운 홍보 전략을 보여 준다. 애플은 아이폰 생산 능력을 높이고 노동자 권리를 향상시키기 위해 13만 명의 노동자를 추가하고,

폭스봇Foxbot이 폭스콘과 페가트론에서 아이폰6 생산에 참여하도록 노력하고 있다고 설명한다. 폭스봇이란 애플의 아이폰을 조립 생산하는 폭스콘 공장의 인간 대체형 로봇을 일컫는다. 현재 폭스콘 중국 공장에서는 폭스봇이 가동되고 있다.

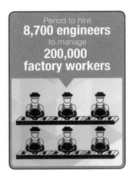

이처럼 애플은 공장 없이 아이폰을 만든다. 아이폰 상품사슬을 보면 모든 제품 생산이 하청을 통해 이루어진다. 즉, 공장 없는 애플이 전 세계에 산재해 있는 글로벌 부품 시장을 효율적으로 지배하고 있는 셈이다. 애플은 대량 구매 계약을 맺고 현금 선지급을 통해 협력 업체를 밀착 관리하는 방식으로 공급망을 통제한다.

자연재해, 스마트폰과 어떤 관계?

인간과 자연은 서로 불가분의 관계다. 환경문제는 대개 인간이 유발하고 그 영향은 결국 고스란히 인간에게 돌아온다. 그런 면에서 인간이 자연을 대하는 태도는 삶의 질과 생존을 위해서도 매우 중요하다. 한편 자연 발생

적으로 일어나는 지진, 화산, 태풍 등의 자연재해도 있다. 이러한 자연재해는 지역에 따라 다양한 원인에 의해 달리 일어난다. 따라서 자연재

해에 대응하기 위해서는 정확한 예측 시스템을 갖추어 미리 방지하는 수밖에 없다. 인위적인 이유에서 일어나든, 자연적인 이유에서 일어나든 모든 자연재해는 인간 생활에 큰 영향을 미친다. 스마트폰의 상품사슬과 자연재해도 밀접한 관련이 있다.

2011년 '세계의 공장'으로 불리던 중국의 제조업이 일본 동북부를 강타한 최악의 강진과 쓰나미의 후폭풍에 휩싸였다. 일본 대지진의 영향으로 스마트폰 생산에 꼭 필요한 부품 원료를 생산하는 공장이 문을 닫게 된 것이다. 이에 따라 중국 폭스콘의 아이폰 조립 공장도 타격을 받게 되었다.

중국은 휴대폰·컴퓨터 등 주요 IT 제품의 최대 생산국이지만 이들 완제품에 들어가는 칩, 액정패널 등 주요 핵심 부품의 상당 부분은 일본으로부터 수입하고 있다. 따라서 일본 대지진으로 전자 제품 생산의 사슬이 끊어져 버린 것이다. 대지진으로 인한 산업 피해는 일본뿐만 아니라, 애플처럼 철저하게 국제적 분업에 의존하고 있는 기업에도 큰 타격이 아닐 수 없다.

이처럼 자연재해는 평상시 유기적으로 연결되어 있는 상품사슬을 순식간에 끊어 버린다. 일본의 지진으로 공장이 문을 닫으면, 저 멀리 중국 광둥성 선전의 폭스콘 공장도 아이폰 생산을 멈춰야 한다.

아이폰6 협력 업체를 가진 31개국

(2014년)

349	중국	139	일본	60	미국	42	대만	32	한국
29	말레이시아	24	필리핀	21	태국	17	싱가포르	13	독일
11	베트남	7	멕시코	6	인도네시아	6	이스라엘	5	프랑스
5	체코	3	벨기에	3	이탈리아	3	아일랜드	3	영국
2	브라질	2	코스타리카	2	오스트리아	2	네덜란드	1	캐나다
1	포르투갈	1	스페인	1	모로코	1	푸에르토리코	1	몰타
1	헝가리						※수치는 협력 업체 수		

메이드 인 차이나?
메이드 인 월드!

최근 《이코노미스트》에 "메이드 인 프랑스는 없다Made in France, not"라는 재미있는 글이 실렸다. 프랑스의 한 TV 다큐멘터리에서 1년 동안 자국산 제품만을 사용하여 일상생활을 영위하려는 시도를 했다(다큐멘터리 제작사는 기준을 완화하여, 50퍼센트 이상의 부가가치가 프랑스에서 만들어진 제품을 자국산 제품이라 규정했다). 그랬더니 자전거, 컴퓨터, 맥주, 의복 등을 사용할 수 없게 되었다는 것이다. 결국 이 다큐멘터리는 '메이드 인 프랑스' 테스트를 충족한 생활 제품은 4.5퍼센트에 불과하다는 결론으로 끝이 났다. 상품사슬이 국제화되다 보니, 웬만한 제품은 '메이드 인 월드Made in the World'라는 말이 무색하지 않게 된 것이다.

아이폰 하면 미국의 애플, 애플 하면 아이폰을 떠올린다. 그래서 많은 이들은 아이폰이 미국에서 만들어졌다고 생각한다. 그러나 아이폰의 상품사슬을 통해 보았듯, 아이폰은 중국에서 조립된다. 따라서 아이폰은 '메이드 인 차이나Made in China'로 여겨진다. 미국의 대표 상품이지만 중국 공장에서 제조되었으니 '중국산'이라는 것이다. 이 말은 사실일까?

아이폰은 대만 혼하이의 자회사인 중국 폭스콘이 대부분의 물량을 조립 생산한다. 미국은 아이폰을 중국으로부터 수입하고, 아이폰 생산에 들어가는 부품의 일부를 수출한다. 실제 아이폰의 무역에서 중국이 차지하는 비중은 3.6퍼센트에 지나지 않는다. 아이폰 1대의 생산 원가는 178.96달러로 그중 아이폰을 조립하는 중국의 노동력에 돌아가는 몫은 6.50달러에 불과하다는 것이다. 오히려 부품의 34퍼센트를 조달하는 일본, 13퍼센트를 조달하는 한국이 아이폰 1대를 생산하며 차지하는 몫이 각각 60.84달러, 23.26달러로 중국보다 더 많다(2009년 기준).

아이폰은 '중국산'이라 불리지만, 글로벌 상품사슬을 보면 중국에서 조립되기에 앞서 수많은 국가에서 상업적 가치가 더해진다. 이처럼 공산품의 원산지 개념은 점차적으로 쓸모없어지고 있다. 아이폰처럼 '세계 여러 나라'에서 생산된 부품을 가지고 '중국'에서 조립한 '미국' 제품의 원산지는 어딜까? 최종적으로 조립된 중국일까 아니면 미국일까? 일각에서는 전 세계적인 애플 신드롬은 미국과 '차이완Chiwan(차이나와 타이완의 합성어)'의 합작품이라고 분석한다. 아이폰은 '디자인드 인 캘리포니아'이면서 '메이드 인 차이나'인 셈이다. 아니 정확하게 말하면, '메이드 인 월드'인 셈이다.

블러드 아이폰?
연이은 노동자의 죽음

애플은 아이폰을 통해 세계에서 가장 높은 수익을 올리는 기업 중 하나다. 그러나 그 이면에는 슬픈 현실이 자리하고 있다. 이는 비단 애플만의 문제는 아니다. 그러나 여기서는 중국 폭스콘 공장에서 아이폰을 조립하는 노동자의 삶을 통해 그 슬픈 현실을 들여다보기로 하자.

중국에서 아이폰을 생산하는 폭스콘은 2010년 근로자의 연쇄 자살, 임금 인상 요구, 안전사고와 파업으로 유명세를 떨쳤다. 세계 전자 산업에서 폭스콘으로 더 널리 알려진, 혼하이 정밀공업Hon Hai Precision Industry은 1974년 대만에서 설립되었고 중국에서 전자 제품의 위탁 생산을 전개하면서 급성장했다. 폭스콘은 1988년 광둥성 선전에 처음으로 현지 공장을 설립하였고 1990년대 후반까지 상하이 중심의 장강 삼각주와 선전을 중심으로 한 주강 삼각주에 공장을 집중적으로 건설하였다. 그런데 2000년대 들어 연해 지역 근로자의 임금이 크게 상승하자 폭스콘은 쓰촨성의 청두, 충칭, 산시성의 타이위안 등 중서부 내륙으로 생산 거점을 확대해 왔다. 중국 최대 규모의 선전 룽화 공장에서 일하는 근로자의 숫자는 한때 43만 명에 달해, 그 자체로 거대한 폭스콘 도시를 형성했다.

그러나 2010년 1월부터 2011년 12월까지 폭스콘의 직원 24명이 자살을 시도하였고 그중 20명이 사망한 사건은 폭스콘뿐만 아니라 폭스콘의 주요 고객과 중국·미국 정부를 포함한 전 세계에 큰 충격을 주었다. 직원의 연쇄적인 자살 시도는 폭스콘의 인권 침해가 심각함을 보여주는 결정적인 증거라고 할 수 있다. 하지만 세상은 이들의 죽음에 담긴 진실을 외면했다.

폭스콘 근로자의 자살 동기는 크게 두 가지로 요약할 수 있다. 강압적인 근로 환경과 고독한 생활 환경이 바로 그것이다. 폭스콘 근로자의 80퍼센트 가량이 1주일에 6일, 하루 12시간씩 일했고, 반강제적인 초과 근무는 매달 80시간이 넘었다. 반면 폭스콘 생산 라인에서 일하던 근로자가 매달 받는 급여로는 월 평균 생활비 정도만 간신히 부담할 수 있었다. 아이폰 1대 가격에서 폭스콘 노동자가 차지하는 임금의 비중은 1퍼센트에도 훨씬 못 미친다. 또한 노동 생산성을 높이기 위해 생산 라인

2012년 벌어진 폭스콘 노동자들의 대규모 시위. 노동 조건 개선을 요구하는 목소리에는 기계가 아닌 사람답게 일할 최소한의 권리, 이를 묵과한 사측과 애플에 대한 분노가 담겨 있다.

에 배치된 근로자의 업무를 세분화하고 단순화하는 과정에서 개별 노동자는 스스로를 거대한 기계 부품이나 로봇처럼 여기는 등 노동 소외 현상이 나타났다. 선전의 롱화 공장은 하루 24시간 동안 가동해서 매일 평균 13만 7000여 개의 아이폰을 생산했다. 환산하면 1분당 90개 이상의 아이폰이 만들어지는 것으로, 그 효율이 놀라울 정도다.

　폭스콘은 이러한 생산 효율을 유지하고 향상하기 위해 생산 라인에서 노동자가 잡담하는 것을 금지했고, 화장실 사용도 3회 이내로 제한했다. 주문량이 많은 때는 휴식 시간도 제한했다. 그뿐만이 아니다. 생산성을 높이기 위해 상여금을 내걸고 노동자의 경쟁을 유발했으며, 실적이 부진한 근로자에게 정신 교육을 실시하고 임금을 삭감하는 등 다양한 규율을 엄격하게 적용했다.

　또한 폭스콘은 노동력을 24시간 동안 효과적으로 통제하기 위해 기숙사를 운영했다. 폭스콘의 젊은 직원은 20~30명씩 같은 방에서 생활하기 때문에 자신의 침대를 제외하면 개인적인 공간이 거의 없었다. 더 나아가 같은 방을 쓰는 직원 대부분은 서로 다른 지역 출신으로서, 근무 시간과 작업 부서도 서로 달라 사적인 대화나 상호 교류 기회가 제한될 수밖에 없었다. 기숙사는 단지 육체적 고단함을 잠시 풀면서 다음 근무를 위해 대기하는 공간으로 여겨졌다. 폭스콘 공장의 노동자는 출근 순간부터 휴대전화도 쓸 수 없고, 음악도 들을 수 없다. 옆 사람과의 대화는 꿈도 꿀 수 없고 오로지 손만 움직여야 한다. 늘 CCTV를 통해 감시받고, 엄격한 규율 속에서 생활한다. 이와 같이 열악한 노동 환경을 견디지 못한 폭스콘의 노동자들이 목숨을 끊고 만 것이다.

　스티브 잡스는 중국 노동자의 죽음을 알고 있었지만, 폭스콘의 생산

환경에는 문제가 없다고 말했다. 그는 단 한 번도 중국에 있는 폭스콘 공장에 가보지 않았다. 물론 중국 노동자의 죽음이 스티브 잡스 때문이라고는 말할 수 없다. 하지만 세계인을 사로잡고 있는 스마트폰의 이면에 노동자의 피와 땀이 스며 있다는 것은 숨길 수 없는 진실이다.

스마트폰과 희소금속, 자연과의 관계를 묻다

첨단산업과 희소금속·희토류: 중국

새로운 과학기술과 첨단산업의 발달로 희소금속과 희토류稀土類, Rare Earth Elements 개발을 위한 국가 차원의 다양한 활동이 펼쳐지고 있다. 희소금속과 희토류는 부존량이 적거나 기술적·경제적 이유로 추출이 곤란한 금속을 말한다. 이들은 적은 양으로도 제품의 성능 및 품질을 향상시킬 수 있어 '첨단산업의 비타민'으로 불린다. 희소금속과 희토류는 세륨, 이트륨, 란타넘 등의 생소한 이름으로 불리지만 이미 일상생활에 널리 쓰이고 있다. 리튬, 망간, 코발트, 란타넘(란탄), 세륨, 이트륨 등은 휴대전화, 컴퓨터, 전기 자동차, 태양 전지 등 첨단산업 제품에 필수적으로 이용된다. 희소금속과 희토류는 생산량도 극히 적어 가격도 무척 비싸다. 2009~2011년에는 국제 거래 가격이 10배나 상승했다.

희토류는 세계적으로 매우 불균등하게 분포한다. 중국의 희토류 매장량이 가장 많으며, 그다음으로 독립국가연합, 미국, 오스트레일리아, 인도 순이다. 현재 희토류의 전 세계 수요량 중 약 97퍼센트가 중국에서 생산되고 있다. 중국의 경우, 매장량의 약 90퍼센트가 네이멍구자치구 바오터우 시의 바이윈어보 희토류 광산에 집중되어 있다.

중국과 일본이 지배권을 놓고 대립하고 있는 센카쿠 열도(댜오위다오)에서 조업 중이던 중국인 어부가 일본에 체포되자, 중국 정부는 희토류 수출을 금지함으로써 일본을 압박한 끝에 그의 무조건 석방을 이끌어 내기도 했다. 이처럼 희토류에 대한 중요성이 강조되면서 "서남아시아에 석유가 있다면, 중국에는 희토류가 있다"는 말이 생겨났을 정도로 중국의 독점적 지위가 강해지고 있다.

한편 희토류 중 하나인 리튬은 볼리비아의 우유니 호수에 전 세계 매장량의 약 40퍼센트가 집중되어 있다. 우리나라를 비롯해 일본, 프랑스 등 세계 여러 나라에서 자본과 기술력을 바탕으로 리튬 확보를 위해 치열한 자원 경쟁을 벌이고 있다. 희토류의 유용성을 깨달은 세계 각국은 이처럼 한때 희토류 개발에 열을 올렸다. 1948년까지 인도와 브라

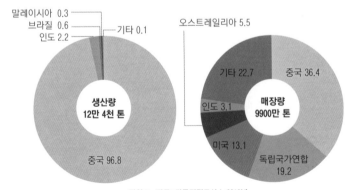

희토류 생산량과 매장량

말레이시아 0.3
브라질 0.6
인도 2.2
기타 0.1

생산량
12만 4천 톤

중국 96.8

오스트레일리아 5.5

기타 22.7
중국 36.4
인도 3.1
매장량
9900만 톤
미국 13.1
독립국가연합
19.2

단위:% 자료: 미국지질조사소 2010년

중국 최대 희토류 광산인 바이윈어보

질은 희토류의 주요 생산지였다. 이후 1950년에는 남아프리카공화국, 1960~80년대에는 미국이 희토류 생산을 주도했다. 하지만 희토류 개발에는 큰 희생이 따랐다. 추출 과정에서 엄청난 양의 공해 물질이 발생한 것이다. 이 때문에 전 세계 희토류 수요량의 95퍼센트 이상을 공급하는 중국을 제외한 대부분의 나라에서는 현재 희토류 개발을 중단한 상태다.

그렇다면 희토류 개발에는 어떤 환경문제가 발생할까? 희토류를 채굴할 때는 유독가스, 분진, 토륨 등 방사성 물질이 발생한다. 제련 과정에는 화학물질이 대량 사용되기 때문에 이산화황, 황산, 산성 폐수가 다량 배출된다. 그리하여 중국의 희토류 공장 주변에서는 가축이 떼지어 죽었다. 이런 문제로 오스트레일리아는 채굴한 희토류를 4000킬로미터 떨어진 말레이시아에서 제련하는 상황이다.

이러한 환경문제를 해결하기 위해 폐휴대전화를 재활용하자는 운동이 일어나고 있다. 도시에서 배출되는 폐휴대전화 및 폐가전제품 등의 폐기물을 재활용하는 것을 일명 '도시광산Urban Mining'이라 부른다. 아파트에 거주하는 사람이 많은 우리나라에서는 폐휴대전화의 수합이 용이한 편이다. 여기에서 재활용된 희토류는 순도도 높아서 아주 유용하게 쓸 수 있다. 폐자원을 재활용하면 새롭게 광산을 개발하지 않아도 되기 때문에 환경보호에도 기여하는 바가 크다.

고릴라는 핸드폰을 미워해: 콩고민주공화국과 콜탄

《고릴라는 핸드폰을 미워해》라는 책이 있다. 도대체 고릴라와 휴대전화가 무슨 관계이기에 이런 제목을 쓴 걸까? 이제는 생활필수품이 된 휴대전화에는 아프리카 대륙의 슬픈 사연이 담겨 있다. 아프리카 중부에 위치한 콩고민주공화국은 다이아몬드뿐 아니라 콜탄이 많이 생산되는 나라이다. 현재 콜탄의 최대 생산국은 오스트레일리아로 전체 생산량의 60퍼센트를 차지하고 있다. 비록 콩고민주공화국은 전 세계 콜탄 중 겨우 10퍼센트를 생산하지만, 전 세계 콜탄의 80퍼센트는 콩고민주공화국 동부에 묻혀 있다.

사실 콜탄은 주석보다 싼 회색 모래쯤으로 취급을 받았다. 하지만, 최근 들어 금이나 다이아몬드만큼 귀한 대접을 받고 있다. 휴대전화 전자회로에 쓰이는 '탄탈륨Tantalum'이 콜탄이라는 금속 물질에서 만들어지기 때문이다. 콜탄을 정련하여 얻어진 금속 분말 탄탈륨은 부식이 잘되지 않고 고온에 잘 견디는 성질이 있다. 이 성질을 이용해서 탄탈륨이 휴대전화와 노트북, 제트엔진, 광섬유, 캠코더 등의 원료로 쓰이자 콜탄은 귀한 몸이 되었다. 특히 휴대전화 생산과 소비가 늘어나면서 콜탄의

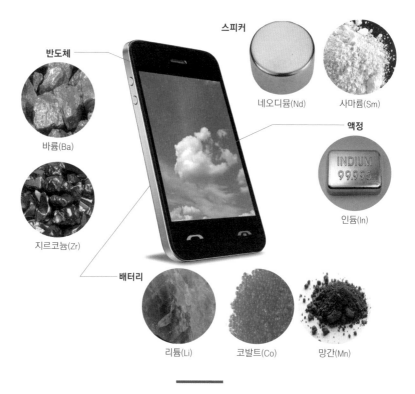

휴대전화에 사용되는 희소금속

가격이 급등했다. 콜탄 가격이 폭등하였으니 콩고민주공화국은 얼마나 좋겠는가? 그러나 콜탄은 지역 주민에게 부를 가져다주기는커녕 삶을 더 황폐하게 만들었다. 오히려 쓸모없는 광물이었던 콜탄이 휴대전화와 컴퓨터칩 주재료로 각광받기 시작하면서부터 콩고의 콜탄 광산은 '아프리카의 화약고'로 불리게 되었다. 다이아몬드는 물론 콜탄을 둘러싸고 오랜 기간 내전이 계속되면서 국민의 생활이 더 어려워진 것이다. 게다가 콜탄 광산에서 일하는 근로자는 열악한 환경에서 낮은 임금을 받고 일해야만 했다. 그리하여 피의 다이아몬드처럼 '피의 콜탄'이라는 말이 생겨났다.

콜탄 광산의 대부분은 콩고민주공화국 동부의 반군 점령 지역에 밀집해 있다. 콩고민주공화국의 반군은 전쟁 자금 조달을 위해 주민을 강제로 콜탄 채굴로 내몰고, 콜탄을 판 돈으로 무기를 사들여 내전을 치른다. 이래저래 휴대전화는 피를 먹으며 번성하고 있다.

콜탄은 광부를 착취해서 얻어질 뿐만 아니라, 그 개발과 생산 과정에서 열대우림이 파괴되고, 거기 서식하는 고릴라도 목숨을 잃는다. 그러니 고릴라는 휴대전화를 미워할 수밖에 없다. 콩고 동부의 세계문화유산이면서 지구상에 남아있는 고릴라의 마지막 서식지인 카후지비에가 Kahuzi-Biega 국립공원도 파괴되고 있다. 이곳에서 고릴라가 멸종되는 것은 시간 문제다.

우리가 분실한 휴대전화를 찾지 않거나, 최신형 휴대전화로 계속해서 교체하는 동안 아프리카 콩고에서는 고릴라가 보금자리를 잃고 멸종되고 있다. 그리고 순박한 원주민은 끝을 모르는 지긋지긋한 내전에 목숨을 위협받고 있다. 그리하여 '블러드 폰Blood phone'이란 말까지 생

콜탄 광산에서 채굴 중인 근로자들

겨난 것이다. 우리의 휴대전화에는 콩고민주공화국의 '피 묻은 콜탄'이 들어 있다는 것을 상기해야 한다.

　국제사회에서 '피의 콜탄'에 대한 비난이 높아지자, 이른바 '깨끗한 콜탄'에 대한 인식이 확산되고 있다. 그리하여 최근 합법적인 과정으로 채굴 유통된 콜탄만을 사용하자는 움직임이 일어났다. 29개국이 가입

된 국제기구인 광업투명성이니셔티브EITI는 최근 공정 유통을 위한 감시 대상에 콜탄과 주석의 원광인 석석錫石을 포함시켰다. 앞으로 이 금속을 구입할 때는 유통업자에게 합법적인 과정을 거쳤다는 증명서를 반드시 요구하도록 한 것이다. 애플은 최근 따가운 시선을 의식한 듯 사회적·환경적으로 적절하게 생산된 콜탄만을 사용하겠다고 공표한 바 있다.

스마트폰과 주석: 중국과 인도네시아, 콩고민주공화국

스마트폰과 태블릿PC 등 각종 스마트 기기의 수요가 늘면서 주석 역시 귀한 대접을 받고 있다. 세계 제1의 주석 소비업체인 폭스콘뿐만 아니라 삼성전자, 소니, LG전자 등 주요 스마트 기기 제조업체의 수요도 매년 급격하게 증가하고 있다. 하지만 소수의 나라에서만 주석이 생산되어 그 양은 매우 제한적이다. 대개 주석 합금은 통조림통이나 음료수캔 등을 통해 쉽게 접할 수 있지만, 실제로는 전자 제품 회로 기판을 제조하는 데 가장 많이 사용된다.

유럽연합EU은 현재 환경법으로 전자 제품에 납을 사용하지 못하도록 규제한다. 그리하여 주석 외에 마땅한 대체제가 없는 상태다. 세계 제1의 주석 생산국인 중국은 국제 거래가격을 안정시키기 위해 자국의 증산을 금지하고 있다. 2위 생산국인 인도네시아에서도 주석의 불법 채굴을 엄격히 막고 있다.

세계 1, 2위 주석 생산국에서 증산이 어려운 상황이 계속되고 있어 주석의 국제 거래 가격은 지난 10년 사이 3배 이상 뛰었다. 상황이 이러하자, 지금껏 인도네시아 방카 섬에서 생산되는 주석을 주로 사용해 온 폭스콘과 삼성전자 등 글로벌 전자업체는 최근 안정적인 공급망 확보를 위해 페루로 눈을 돌리고 있다. BBC는 인도네시아에서 불법 채굴된 주석이 애플 공급망에 유입되고 있다는 증거를 포착했다. 더욱 심각한 문제는 애플에 공급되는 주석을 캐는 광산에서 어린이가 노동에 동원되고 있었다는 것이다. 이에 대해 애플은 작은 광산의 노동 실태를 일일이 파악하는 것은 어렵다고 해명했지만, BBC는 인도네시아산 주석을 쓰지 않으면 해결될 일이라고 주장했다.

한편 콩고민주공화국에서는 다이아몬드, 콜탄뿐만 아니라 주석도 생산된다. 콜탄과 마찬가지로 주석은 반군이 주둔하고 있는 콩고민주공화국 동부에 주로 매장되어 있으며, 이 또한 반군의 무기 구매를 위해 서구로 밀반입되는 실정이다.

맥도날드화와
햄버거
커넥션

"우리가 햄버거를 먹는 것은
지구를 먹어 치우는 것과 다름 없다."
_ 지식채널, 2005

햄버거 원조 논쟁
그리고 음식의 정치학

패스트푸드의 발상지, 미국

햄버거는 어느덧 친숙한 음식이 되었다. 패스트푸드fast food의 대명사
답게 빠르고 편리하며 간편하게 먹을 수 있고 종류도 다양해서 선택의
폭도 넓다. 우리 현대 식문화에 빠르게 자리 잡은 햄버거, 도대체 어느
나라의 음식일까?

아마도 햄버거 하면 대부분 미국 음식이라 생각할 것이다. 햄버거는
미국을 대표하는 음식임에 틀림없다. 미국에서 기원한 것은 아니더라도
미국에서 완성된 가장 미국적인 음식이다.

미국은 우리가 일상적으로 소비하는 패스트푸드의 발상지다. 패스
트푸드는 어느덧 세계인의 입맛을 지배하고 있는데, 맥도날드·버거
킹·웬디스의 햄버거, KFC의 프라이드치킨, 스타벅스의 커피, 코카콜

세계 패스트푸드 시장을 지배하는
미국의 햄버거 프렌차이즈들과
롯데리아

라, 던킨도너츠, 베스킨라빈스의 아이스크림 등이 대표적 예다. 이들 다국적 패스트푸드 기업은 지구촌을 '푸드 아메리카나Food Americana'로 묶고 있다. 그중에서도 햄버거는 단연 미국을 상징하는 패스트푸드이며, 자본주의의 기수가 되었다. 피부색, 경제력, 이념, 종교를 초월해 많은 사람의 인기를 얻기 시작한 것이 바로 미국식 햄버거다. 두 개의 둥근 빵(번bun) 사이에 소고기를 갈아 만든 패티를 얹은 이 단순한 음식이 어떻게 전 세계에 전파될 수 있었을까?

햄버거의 세계화는 단순히 맛과 속도의 차원으로만 설명하기에는 부족함이 있다. 그 이면에는 음식의 정치학이 숨어 있으며, 세계 초강대국 미국인이 즐기는 것을 똑같이 모방하고 싶어하는 심리 역시 작용했을 것이다.

우리나라에는 한국전쟁 이후 미군과 함께 햄버거가 들어왔다. 1979년 서울 소공동에 롯데리아 1호점이 생겼으며, 제24회 서울 올림픽이 열렸던 1988년 서울 압구정동에 맥도날드 1호점이 문을 열었다. 그 후 햄버거는 오늘날 가장 쉽고 빠르게 먹을 수 있

1988년 압구정동에 오픈한 맥도날드 1호점

는 음식으로 자리매김했다.

햄버거의 발상지, 독일 함부르크냐 몽골 초원이냐

햄버거는 미국을 대표하는 음식이자 전 세계인이 즐겨 먹는 음식이다.
그러나 햄버거의 원조를 둘러싼 논쟁은 여전히 뜨겁다. 햄버거 원조 논
쟁은 미국 내 몇몇 주 사이에서도 일어나고 있지만, 미국을 포함한 몇몇

국가 간에도 일어나고 있다.

햄버거의 기원에 대해서는 크게 두 가지 설이 있다. 우리에게 가장 잘 알려진 설은, 미국인이 햄버거라는 이름을 붙이긴 했어도 햄버거 자체는 독일의 항구 도시 함부르크Hamburg에서 유래했다는 것이다. 실제로 함부르크의 스펠은 'Hamburg'로, 영어로는 '햄버그'로 읽힌다. 함부르크라는 도시 이름 뒤에 'er'을 붙여 햄버거Hamburger가 된 것이다. 그리고 햄버거는 18세기 초 독일에서 미국으로 건너간 이민자에 의해 전해졌다. 그렇다면 오늘날 우리가 먹는 햄버거는 독일 함부르크에서 처음 만들어진 것일까? 아니다. 햄버거의 기원은 14세기경으로 거슬러 올라간다. 햄버거의 발생지를 몽골 초원으로 보는 학자도 많다. 그들의 주장에 따르면, 초원에서 말과 양을 키우며 살던 몽골인이 주로 먹던 다진 고기가 햄버거 패티의 원형이라고 한다.

또 몽골계 기마민족인 타타르족(몽골의 러시아식 이름)이 햄버거와 유사한 음식을 독일에 전한 것으로 알려져 있다. 칭기즈 칸의 손자인 쿠빌라이 칸은 러시아 점령 때에도 말안장에 들소 고기를 넣고 다녔다. 몽골 유목 민족도 대개 날로 먹던 들소 고기 조각을 말안장 밑에 넣어 휴대했다. 말을 타고 초원을 누비다 보면 말안장과의 충격으로 고기가 부드럽게 다져졌는데, 연해진 고기에 소금, 후춧가루, 양파즙 등의 양념을 쳐서 끼니를 대신하곤 했다고 한다. 이후 헝가리 등 동구권에서도 다진 고기에 양파, 달걀, 소금, 후추를 섞어 먹게 되었는데 이것이 바로 '타타르 스테이크'다. 결국 햄버거는 몽고 기마병의 전투식량에서 시작되었다고 볼 수 있다.

타타르 스테이크는 14세기에 함부르크 상인들에 의해 독일에 전파

햄버거의 시작이 된 타타르 스테이크

되었고, 당시 독일 무역의 중심 도시였던 함부르크에서 큰 인기를 누렸다. 스테이크는 유럽 상류층의 호기심을 불러일으키며 별미 음식으로 자리잡았고 함부르크에서 불에 굽는 요리법을 통해 변신하게 된다. 이러한 이유에서 함부르크 스테이크란 의미의 '햄버거'라는 이름이 붙게 되었다. 이는 오늘날의 햄버거 패티와 비슷한 요리다. 이 스테이크가 18세기 초 미국으로 건너온 독일인을 통해 미국에 널리 알려지게 된 것이다. 하지만 이때만 해도 햄버거에 '번'은 사용되지 않았다.

미국, 오늘날 햄버거의 원형을 만들다

오늘날 우리가 먹는 햄버거는 고기를 갈아 납작하게 만든 패티를 구워

1955년 미국 일리노이 주 데스플레인즈에 오픈한 맥도날드 1호점(현재는 폐점).
1955년 이후 햄버거는 미국, 자본주의, 패스트푸드를 상징하는 음식이 되었다.

채소와 함께 빵 사이에 끼워 먹는 샌드위치의 일종이다. 그러나 몽골 초원에서 독일 함부르크로, 그리고 미국으로 건너온 햄버거는 빵 없이 먹는 스테이크였다. 오늘날 우리가 먹는 햄버거는 1904년 미국에서 열린 세인트루이스 세계 박람회 때 한 요리사가 햄버거 스테이크를 빵 사이에 끼워 판 데서 시작되었다. 포크나 접시도 필요 없고 갓 구운 고기와 맛 좋은 빵을 따뜻하게 먹을 수 있는 편리함이 폭발적인 인기를 불러왔다. 그 후 1940년 맥도날드 형제가 캘리포니아 주 샌버나디노에 '맥도날드 레스토랑'을 열면서, 미국에서 인기를 끌기 시작한 햄버거가 전 세계로 퍼져 나가기 시작했다.

맥도날드 형제는 1948년 현대 패스트푸드 식당의 기본 원리인 '스피디 서비스 시스템Speedee Service System'을 도입했다. 공장의 컨베이어 벨트에 의한 조립 라인을 조리 방법에 처음 적용한 것이다. 빵 굽는 사람은 빵만 굽고, 패티를 굽는 사람은 패티만 굽고, 드레싱을 바르는 사람은 드레싱만 바르는 식이다. 그만큼 조리 속도가 빨라졌다. 1954년 이곳을 방문한 밀크셰이크 기계 판매원 레이 크록은 햄버거, 프렌치프라이, 탄산음료 등 한정된 메뉴를 손님들이 직접 가져다 먹는 방식으로 음식 가격을 낮추고 상대적으로 품질을 높이는 맥도날드 레스토랑을 보고 큰 매력을 느꼈다. 이때 햄버거 가격은 15센트였다. 결국 크록은 맥도날드 형제에게 270만 달러라는 거액을 주고 프랜차이즈 권리를 인수했다. 이듬해 크록은 일리노이 주 데스플레인즈에 첫 번째 맥도날드 지점을 열었다. 즉, 현재의 형태를 띤 햄버거는 1950년대 미국의 다국적기업인 맥도날드가 상품화한 것이고, 이 기업의 성장과 함께 햄버거가 세계 각국으로 퍼져 나가면서 대표적인 패스트푸드가 되었다.

세계 방방곡곡 어딜 가든
햄버거는 있다

일상의 맥도날드화, 햄버거의 세계화

웬만한 시내 중심가를 걷다 보면 세계적인 패스트푸드점을 쉽게 발견할 수 있다. 그중에서도 맥도날드는 패스트푸드 산업의 아이콘이다. 맥도날드 형제로부터 인수해 크록이 1955년 처음 문을 연 맥도날드는 탁월한 경영과 마케팅으로 미국은 물론 전 세계 패스트푸드 시장을 빠르게 장악했다. 세계 최대의 햄버거 체인인 맥도날드는 1967년 캐나다에 국외 1호점을 개점한 이래, 1988년 우리나라에도 진출했으며, 급기야 1990년에는 미국과 대척점에 선 러시아에 진출했다. 오늘날 맥도날드는 약 120여 개국에 매장을 두고 있는, 그야말로 글로벌 패스트푸드 기업이 되었다. 세계 전역에 약 3만 5000개의 점포를 운영하고 있으며(2013년 기준), 매일 6900만 명의 손님이 맥도날드를 찾고, 세계적으로 1800만 명이 맥도날드에서 일한다. 우리나라 인구보다 많은 사람이 매일 맥도날드 햄버거를 먹고 있는 셈이다.

지구촌 저편의 사람과 같은 음식을 먹고, 같은 옷을 입고, 같은 차를 타는 것, 즉 한 지역의 문화적 특성이 다른 지역에서도 같거나 유사하게 나타나는 문화의 세계화가 일어나고 있다. 특히 맥도날드 햄버거는 문화의 세계화를 가장 잘 보여 주는 사례다. 맥도날드는 지구촌 곳곳에 스며들어 전 세계인의 식생활을 바꿔 놓고 있다. 이러한 문화의 세계화를 일컫는 말로 '맥도날드화McDonaldization'라는 말이 있다. 맥도날드화는 사회학자 조지 리처가 1993년 출간한 사회비평서인《맥도날드 그

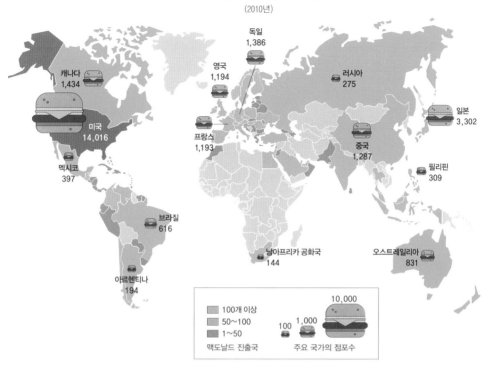

맥도날드 진출국과 주요 국가의 점포 수
(2010년)

독일
1,386

영국
1,194

러시아
275

캐나다
1,434

일본
3,302

미국
14,016

프랑스
1,193

중국
1,287

멕시코
397

필리핀
309

브라질
616

남아프리카 공화국
144

오스트레일리아
831

아르헨티나
194

10,000

100개 이상
50~100
1~50

100   1,000

맥도날드 진출국   주요 국가의 점포수

리고 맥도날드화The McDonaldization of Society》에서 사용한 용어다. 맥도날드화란 맥도날드로 대표되는 패스트푸드 시스템이 사회 전반을 지배하는 현상을 말한다. 리처는 맥도날드 햄버거가 세계로 퍼져 나감과 동시에 획일화된 미국적 생활방식까지 전파되었다고 비판하며 이 용어를 사용했다. 이와 비슷한 용어로 미국의 코카콜라가 세계를 식민화하고 있다는 의미에서 '코카콜로니제이션CocaColonization'이라는 말이 사용되기도 한다.

맥도날드화는 효율성, 예측 가능성, 계산 가능성, 통제라는 4가지 합

맥도날드화와 햄버거 커넥션

리성 원칙을 앞세워 우리에게 빠름과 편리함을 제공했음에 틀림없다. 이것이 바로 우리가 맥도날드를 패스트푸드의 전형으로 여기는 이유이기도 하다. 또한 맥도날드는 햄버거의 세계화 및 글로벌 상품화에 지대한 영향을 끼쳤다. 그러나 한편으로는 전 세계가 미국의 음식 문화와 기업 경영 방식을 받아들임으로써 세계인의 입맛이 단일화되는 등 문화 제국주의의 양상이 나타났다는 비판이 일기 시작했다. 맥도날드화란, 대형 패스트푸드 기업이 세계 곳곳을 잠식해 나가는 현상을 뜻하는 동시에, 전 세계 사람이 동일한 상품과 문화를 소비하고 빠르고 편리한 효율성을 추구하는 데서 나타나는 자본주의의 병폐를 일컫는다.

맥도날드화, 정말 편리하기만 할까?

맥도날드는 빠른 속도, 푸짐한 양, 저렴한 가격을 내세우며 기존의 음식점과 차별화를 시도했다. 소비자의 특성과 요구에 맞는 음식을 제공하는 대신에, 음식 조리와 서비스에 컨베이어 벨트와 같은 조립 라인을 도입했다. 이는 효율성을 극대화하기 위한 것으로, 어떻게 보면 일종의 '패스트푸드 공장'인 셈이다. 더 나아가 업무 분담에 그치지 않고, 지금은 우리에게 익숙한 '셀프 시스템'이라는 것을 처음 만들어 고객을 관리하기 시작했다. 일단 맥도날드에 들어서면 고객은 일종의 조립 라인 속에 들어선다. 줄을 서고, 계산대로 이동하고, 주문하고, 계산하고, 음식을 테이블로 가져간다. 그리고 식사를 마친 후 쓰레기를 모아 쓰레기통에 버리고 나간다. 고객 역시 컨베이어 벨트 위에서처럼 순서대로 움직인다.

그뿐만 아니라 맥도날드는 지금은 흔하지만 당시엔 파격적이었던 최

맥도날드가 처음 도입한 셀프 시스템. 지금은 어딜 가나 익숙한 장면이 되었다.

초의 운전자용 창구(드라이브 인)를 1975년 오클라호마에 설치했다. 그리고 4년 만에 전체 매장의 절반에 이러한 창구를 설치했다. 고객은 운전자용 창구에 차를 세우고 주문과 계산을 마친 후, 음식을 받아 목적지로 향한다. 운전자용 창구는 고객에게도 효율적이지만 패스트푸드점에도 이득이다. 주차 공간, 식탁, 종업원의 필요성이 줄어들기 때문이다. 더욱이 고객이 쓰레기를 가지고 떠나기 때문에 별도의 쓰레기통을 설치하거나 정기적으로 쓰레기통을 비우는 사람을 고용할 필요도 없다. 어쩌면 우리는 맥도날드의 조립 라인에 들어선 줄도 모르고 그저 편리하다고 착각하는 것인지도 모른다. 문제는 이러한 맥도날드화가 삶의 전반으로 확대되고 있다는 것이다. 빠름과 편리함 속에서 인간은 그저 기계의 부품쯤으로 전락하고 있다.

맥도날드는 미국 입장에서 보면 미국식 자본주의와 시장경제 원리를 지구촌 구석구석에 전파한 일등공신이다. 하지만 미국 아닌 다른 나라에선 제국주의의 대리인, 단순노동·저임금, 어린이 비만 등으로 끝없는 비판에 시달려오고 있다. 맥도날드에서 적은 보수를 받으며 고되고 의미 없는 단순 노동을 되풀이하는 것을 맥잡McJob이라 일컬을 정도다.

맥도날드의 현지화 전략

수많은 다국적기업이 표준화 시스템을 강조한다. 표준화 시스템이란, 표준이나 규격 등을 만들어 활동을 합리적으로 조직하는 것을 말한다. 그렇다면 합리성을 우선으로 하는 다국적기업은 경제와 문화의 세계화를 통해 개별 지역의 다양성을 없애려는 것일까? 그렇지 않다. 스타벅스처럼 맥도날드 역시 문화적 자긍심이 강하다든가, 국가적·민족적 이데올로기 등으로 진출이 용이하지 않은 지역에서는 기존 문화를 존중해 주는 현지화 전략을 구사하고 있다. 개별 지역의 다양성에 대한 배려가 없었더라면 맥도날드의 세계화는 불가능했을지도 모른다. 세계화는 개별 지역이 지닌 고유문화를 고려하지 않고서는 가능하지 않기 때문이다.

맥도날드 햄버거는 전 세계로 전파되는 과정에서 표준화된 형태를 벗어나 현지의 다양한 재료와 혼합되었고, 그 지역의 음식 문화를 반영하게 되었다. 맥도날드가 전파되어 한편으로는 음식 문화가 동질화되기도 했지만, 다른 한편으로는 햄버거가 지역 주민의 입맛에 맞도록 다양하게 변형되기도 한 것이다.

인도에 진출한 맥도날드

맥도날드는 인도에까지 진출했다. 힌두교 신자가 많은 인도에서는 소를 신성시하여 소고기를 먹는 것을 금기시한다. 그리고 인도인은 강한 향신료가 들어간 음식을 선호한다. 그리하여 인도에 진출한 맥도날드는 패티를 만들 때, 소고기가 아닌 양고기(골드 마살라)와 닭고기(마하자라 맥)를 사용하며 햄버거에 향신료를 가미한다. 그런데 인도에는 아예 고기를 먹지 않는 채식주의자도 많다. 맥도날드는 그들의 입맛에 맞추기 위해 고기를 빼고 감자, 콩, 당근, 인도 고유의 양념을 섞어 튀긴 패티가 들어간 채식주의자용 채소 버거도 선보였다. 카레를 즐겨 먹는 사람을 위한 치킨 카레 버거도 있다.

한편 맥도날드는 쌀을 주식으로 하는 동남아시아(태국, 베트남, 타이완, 인도네시아, 싱가포르 등)에서 빵 대신 쌀로 만든 햄버거, 맥 라이스를 판매하고 있다. 그리고 필리핀 사람의 주식인 판데살 빵에 파인애플소스, 베이컨, 치즈 등을 곁들인 아침 메뉴도 내놓았다. 그뿐만 아니라 프랑스에선 바게트 빵으로 만든 햄버거, 독일에서는 정통 뉘른베르크 소시지를 넣어 만든 햄버거, 에스파냐에서는 만테고 치즈를 넣은 햄버거를 내놓는 등 지역의 입맛과 전통을 고려한 상품도 개발하여 판매하고 있다. 그리고 맥 아라비아는 이집트를 포함한 아랍 지역에서 판매되는 것으로 피타 브레드에 치킨 또는 소고기를 넣고 야채를 얹어 요구르트 소스를 뿌린 상품이다. 일본의 맥도날드는 일본인의 입맛에 맞게 돼지고기에 일본 특유의 데리야키 소스를 더한 데리야키 버거를 개발했다. 일본에서는 빵 없이 고기만 먹는 햄버그 스테이크도 인기다.

맥도날드의 현지화 전략으로 한국에서는 불고기 버거, 김치 버거, 밥을 뭉쳐 빵 대신 사용한 라이스 버거가 나왔다. 매콤한 맛과 닭고기를 선호하는 한국인의 입맛을 겨냥한 스파이시 치킨 버거, 한우를 이용한 햄버거도 개발되어 큰 인기를 끌었다. 최근에는 라면 버거도 출시됐다.

한편, 맥도날드의 매장은 전 세계 어디에서나 비슷한 모습이다. 그러나 유심히 살펴보면, 지역에 따라 조금씩 차이가 있다. 맥도날드는 현지화 전략의 일환으로 일부 국가의 매장을 지역 문화의 특성에 맞게 디자인한다. 일본 도쿄의 어떤 매장은 검정색과 붉은 선으로 된 단순한 디자인을 사용하여 입구를 장식했으며, 미국 로스웰의 어느 매장은 전체 외관이 UFO 형태를 띠고 있다. 아일랜드에서는 수백 년 된 옛 시청 내부에 맥도날드 매장이 들어섰으며, 중국에서는 중국식 건축물의 외양과 조화를 이루도록 장식한 퓨전 스타일 매장도 등장했다.

맥도날드의 이러한 전략은 현지 시장을 효과적으로 공략하기 위한 것이다. 현지화는 문화적 동질화를 요구하기보다는 현지 문화를 존중함으로써 그 지역에 쉽게 뿌리내리기 위한 것이다. 이처럼 세계화는 개별 장소의 문화와 경제의 고유성(특수성)을 파괴하는 것만은 아니다. 하지만 문화적·경제적 측면에서 세계화를 이끌어 가는 힘 그리고 고유한 문화적 전통 및 경제적 자율성을 유지하려는 힘 사이에서 팽팽한 긴장 관계가 생기기도 한다.

빅맥 지수가 말해 주는
각 나라의 물가

맥도날드의 세계화는 여기서 그치지 않는다. 맥도날드의 세계적 영향

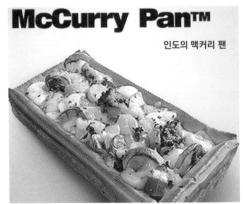

McCurry Pan™

인도의 맥커리 팬

인도네시아의 맥라이스

터키의 맥터코

캐나다의 맥랍스터

현지화 전략으로 개발된 다양한 국가의 햄버거 메뉴

미국 로스웰의 상징인 UFO를 매장 건축 디자인에 반영한 맥도날드

주요국 빅맥지수 순위(2016년 7월) 　　　　　　　　　　　　　　　　　　단위: 달러

순위	국가	지수
1위	스위스	6.59
2위	노르웨이	5.51
3위	스웨덴	5.23
4위	핀란드	5.06
5위	미국	5.04
⋮		
⋮		
16위	유로존	4.21
20위	싱가포르	4.01
22위	영국	3.94
23위	**한국**	3.86(4400원)
32위	일본	3.47
44위	중국	2.79
47위	홍콩	2.48
52위	대만	2.15
56위	우크라이나	1.57

자료: 이코노미스트

력을 보여 주는 다른 사례로, 이른바 '빅맥 지수Big Mac Index'라는 게 있다. 스타벅스에 의해 '스타벅스 라테 지수'가 개발되었듯이, 맥도날드의 세계화로 인해 빅맥 지수가 널리 사용되고 있다. 이러한 지수를 보면, 스타벅스와 맥도날드가 우리 사회 및 경제에 미치는 영향력을 알 수 있다.

빅맥이 지수의 기준으로 선정된 이유는, 무엇보다 맥도날드가 전 세계에 진출하여 세계 어디서나 동일한 품질의 빅맥을 판매하므로 각국의 가격과 구매력을 간접 비교하기에 적합하기 때문이다. 이러한 빅맥 지수는 세계 각국의 물가를 비교하기 위해 영국의 경제 잡지《이코노미스트》가 1986년에 처음 선보인 뒤 상반기와 하반기에 한 번씩 발표하고 있다.

빅맥 지수란 각국의 빅맥 가격을 달러로 환산해 미국 빅맥 가격과 비교하기 쉽게 만든 지수로, 각국의 상대적 물가 수준을 비교하기에 적합하다. 이를 통해 국가별 물가 수준이 비교 기준이 되는 미국에 비해 높은지 낮은지를 가늠해 볼 수 있다. 빅맥 지수가 높으면 물가도 높고 빅맥 지수가 낮으면 물가도 낮다.

2016년 7월 발표된 지수를 보면, 빅맥 지수가 가장 높은 나라는 스위스(6.59달러)고 가장 낮은 나라는 우크라이나(1.57달러)다. 두 나라의 빅맥 가격은 무려 4.2배나 차이가 난다. 말레이시아(1.99달러), 러시아(2.05달러)의 빅맥 지수는 우크라이나보다 조금 높았다. 우리나라는 3.86달러로 전체 56개국 가운데 23위를 차지했다. 대개 빅맥 가격은 미국보다 유럽 국가에서 비싸고 아시아 국가에서는 싼 편이다. 유럽의 물가가 비싸니 빅맥 가격도 비싸고, 아시아는 물가가 싸니 빅맥 가격도 싼 것이다.

그러나 빅맥 지수로 물가를 가늠할 수 있다 해도 현실과 딱 들어맞는 것은 아니다. 햄버거 업체가 많은 나라는 아무래도 빅맥 가격이 상대적으로 저렴할 것이다. 게다가 맥도날드 직원의 월급, 매장 임대료도 각 나라별로 제각각이기 때문에 빅맥 지수만 보고 물가를 판단하기는 어렵다. 그래서 빅맥 지수는 각국 물가를 비교할 때 참고 자료로만 이용된다.

주문하신
아마존 열대우림 나왔습니다

우리가 햄버거를 먹는 행위와 환경은 어떤 관계가 있는 걸까? 지구촌

소 사육 목장을 만들기 위해 베어지는 나무들.
중남미 열대우림의 파괴는 심각한 수준이다.

대규모 상업농 1% 기타 3%
벌목 3%

소규모
영세농
33%

아마존
열대우림
파괴 원인
2000~2005년

소방목지
60%

열대림 지역
열대림이 파괴된 지역

아마존 강 유역의 소 방목지 확대

(단위: 만 마리)
아마존 강 유역
0~5 미만
5~20
20~40
40~100
100 이상

1996년

2010년

인류의 삶 속 깊숙이 파고든 햄버거에는 우리가 모르는 '불편한 진실' 이 하나 숨어 있다. 패스트푸드가 세계화되면서, 이를 만드는 데 필요한 곡물류, 채소류, 육류의 소비가 폭발적으로 늘고 있다. 햄버거가 열대우림과 맞바꾸어 만들어졌다는 사실을 알고 나면, 햄버거와 환경의 관계를 좀 더 자세히 알 수 있다.

'햄버거 커넥션Hamburger Connection'이란 말이 있다. 이 말은 햄버거 패티의 재료가 되는 소고기를 얻기 위해 조성되는 목장이 열대우림 파괴로 이어지는 것을 뜻한다. 다시 말하면, 햄버거를 생산하기 위해 고기소를 사육하고, 고기소를 사육하기 위해 목초지를 조성하며, 목초지를 조성하기 위해 열대우림을 파괴하는 반환경적이고 반생태적인 연결고리가 햄버거 커넥션이다.

열대우림을 파괴해 마련한 땅에서 자란 소가 전 세계로 수출되는 동안 지구온난화는 점점 심각해진다. 지구온난화는 인류를 향한 경고다. 이는 환경 파괴에 대한 경고이기도 하지만 우리 행위의 결과가 예상치 못한 방식으로 되돌아올 수 있다는 '나비효과'를 뜻하기도 한다.

중남부 아메리카의 열대우림은 유럽과 미국으로 수출되는 소고기의 생산지다. 그러나 이 소고기는 지방분이 적고 미국인의 미각에 그다지 맞지 않아 대부분 햄버거 패티를 위한 재료가 된다. 이러한 용도로 사용될 소를 사육하기 위해 목장을 조성하게 되며, 목장 조성을 위해 중남미 열대우림이 대대적으로 파괴된다. 소고기 100그램이 들어가는 햄버거 하나를 만들기 위해 열대우림 5제곱미터가 목초지로 바뀐다. 목초지를 만들기 위해 숲을 태우면 숲의 기능 상실로 이산화탄소가 방출되어 지구온난화는 심해지고, 이는 해수면 상승을 가져와 해안 지역의 침수와 해일 피해를 더 심각하게 만든다. 매년 4000~6000만 명이 영양실조로 사망하는 현실에도 불구하고 소는 지구에서 생산되는 곡식의 3분의 1을 먹어 치운다. 우리가 햄버거를 먹는 것은 지구를 먹어 치우는 것과 다름없다.

열대우림 파괴에 대한 비난이 거세다 보니 맥도날드는 1989년에 열대우림을 개간해 기른 소고기는 구입하지 않겠다는 정책을 발표했다. 맥도날드의 조치는 큰 의미를 지니지만, 아마존산 소고기는 여전히 다른 곳에 수출되고 있다. 그리고 열대우림을 밀어 버리고 만든 농경지에서 경작한 콩을 유럽에서는 가축 사료로 쓰고 있으며, 맥도날드도 아마존에서 생산되는 콩으로 만든 사료를 먹여 기른 소고기와 닭고기를 여전히 구매하고 있다.

지구가 현재의 생태계를 이루는 데는 엄청난 시간이 걸렸다. 그러나 인류는 자신에게 필요한 것을 얻기 위해 자연을 마구 개발했고, 그다지 필요치 않다고 생각한 것은 함부로 버리고 있다. 오래지 않아 그 부작용은 심각하게 나타나기 시작했고 지구에 쓸모없는 것은 아무것도 없다는 사실을 깨닫게 했다. 인류가 자원을 어떻게 쓰는가에 따라 지구의 운명은 달라질 것이다. 물론 지금까지 살아온 습관을 바꾸고 먼 옛날로 돌아갈 수는 없다. 그러나 불편을 조금 감수하고 효과적으로 자원을 관리한다면 인류가 지구에서 조화롭게 살아가는 방식을 찾을 수도 있을 것이다.

우리가 햄버거를
먹기까지

우리나라 빅맥의 상품사슬

맥도날드와 같은 다국적기업에서 제공하는 햄버거는 어떤 과정을 거쳐 우리 손에 오는 걸까? 빅맥의 상품사슬을 추적하기 위해서는 먼저 빅맥이 어떻게 구성되어 있는지 살펴볼 필요가 있다. 우리는 자신의 취향에 따라 메뉴판에서 햄버거를 골라 주문할 뿐, 그 속에 어떤 내용물이 들어 있는지에 대해선 별 관심을 갖지 않는다. 그러나 햄버거를 구성하는 원료와 재료 하나하나를 분석해 보면, 재미있는 이야기와 함께 복잡한 사슬을 발견할 수 있다.

앞에서 보았듯이, 맥도날드는 메뉴를 표준화하고, 현지 사정에 따라 다양한 메뉴를 제공한다. 빅맥은 맥도날드를 대표하는 메뉴로 전 세계적으로 표준화되어 있다. 어느 나라 어느 매장을 가더라도 빅맥을 주문하면 번 3장(맨 위에 올리는 번에는 참깨를 뿌린다), 소고기 패티 2장, 야채 토핑(양상추, 양파, 피클), 치즈 한 장, 소스(케첩, 겨자, 마요네즈)를 넣어 만든 햄버거를 맛볼 수 있다. 가장 눈에 띄는 특징은 2장의 패티 사이에 번이 들어간다는 점이다. 중간에 들어가는 번은 빅맥의 전매특허와도 같다. 빅맥은 1967년 처음 출시된 후 맥도날드의 대표 상품으로 자리 잡았다.

국내 맥도날드 매장의 경우, 프렌치프라이의 원료인 감자와 햄버거의 소고기 패티는 수입 재료이지만, 양상추나 토마토, 빵, 소스, 우유 등은 대부분 한국 기업에서 공급받고 있다. 그리고 이들 재료는 모두 직접 만들지 않는다. 세계적으로 유명한 프랜차이즈 기업은 제품 생산과 물

빅맥

류를 철저하게 외부 업체를 통해 공급받는다.

번과 참깨

맥도날드 빅맥에 들어가는 햄버거 빵(번)은 한국 맥도날드가 1996년 4월부터 코리아푸드시스템KFSC에서 공급받고 있다. 코리아푸드시스템은 한국 맥도날드에 식자재를 공급하는 물류회사로 물류센터와 제빵 공장의 역할을 동시에 수행하고 있다. 매일유업과 한국맥도날드가 50퍼센트씩 지분을 투자해 설립한 회사이다. 빵 공장은 충남 아산에 위치해 있다. 코리아푸드시스템은 현재 5종류의 햄버거 빵을 생산하고 있으며, 매일 수요량에 맞춰 빵을 만든다. 그날 구운 빵은 맥도날드 매장에 그날 바로 배달된다.

빅맥을 비롯해 햄버거에 사용되는 빵에는 깨가 뿌려진다. 고소한 맛과 풍부한 식감을 위해 깨가 사용되는 것이다. 햄버거 빵은 대부분 대량 생산되는 제품이라 빵 위에 뿌려진 깨의 양도 거의 비슷하다. 햄버거 빵 위에 뿌리는 깨는 영양학적 측면에서도 의미가 있다. 깨에는 세사몰sesamol이라는 불포화 지방산이 함유돼 있다. 체내 산화

소고기 생산량과 주요 수출·수입국
자료: 국제연합식량농업기구, 2010년

소고기 생산량
(총 6408
만 톤)

미국 18.8%
기타 47.1%
브라질 14.2%
중국 9.8%
아르헨티나 4.1%
오스트레일리아 3.3%
멕시코 2.7%

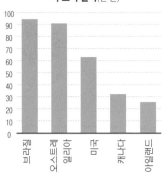

주요 수출국(만 톤)

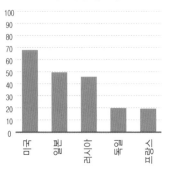

주요 수입국(만 톤)

작용을 억제하는 깨는 고소한 맛을 낼뿐만 아니라 영양 면에서도 훌륭한 식재료다.

소고기 패티

햄버거 커넥션에서 보았듯이, 햄버거에 들어가는 소고기 패티는 세계적으로 골칫거리다. 미국과 유럽에서는 아마존 열대우림에서 기른 소고기로 만든 패티가 환경 문제를 일으키는 주범이라고 비난을 받았다. 더욱이 한 실험 영상을 통해 대중에게 알려진 대로, 맥도날드 햄버거는 실온에서 1년이 넘도록 썩지 않는다. 한때 미국에서는 햄버거 패티에 벌레가 들었다는 루머가 돌기도 했다.

사실 맥도날드에 사용되는 소고기 패티는 살코기가 아니라 뼈에서 발라내어 화학 처리를 한 핑크 슬라임Pink Slime이었다. 핑크 슬라임은 뼈에서 살점을 발라내고 남은 부분들을 암모니아수로 살균 처리해서 얻은 분홍색 점액질의 고기를 일컫는다. 영국의 유명 요리사 제이미 올리버가 이에 대해 문제를 제기했고, 맥도날드는 2012년부터 핑크 슬라임 사용을 중단한다고 선언했다. 그리하여 맥도날드는 2014년 10월 처음으로 제품 제조 과정을 공개하는 등 신뢰 회복에 안간힘을 쓰고 있다.

그렇다면 국내 맥도날드 매장에서 팔리는 햄버거의 소고기 패티는 어디에서 생산된 것일까? 국내 맥도날드 햄버거의 소고기 패티는 1995년부터 호주·뉴질랜드산 순살코기만으로 제조되며, 2002년 4월부터 충남 세종시 맥키코리아 육가공센터에서 생산된다. 이곳에서는 성분 분석기로 패티의 지방 함량을 조절하며, 엑스레이 검출기로 이물질을 걸러낸다. 소고기 패티가 만들어지면 바로 냉동 과정이 이어진다. 그리고는 박스에 포장된 상태로 맥도날드 매장에 공급된다. 국내에 진출한 다른 글로벌 햄버거 프랜차이즈 기업에서 사용하는 패티 역시 대개 우리나라와 지리적으로 가까우며, 청정지역으로 알려진 호주와 뉴질랜드산 소고기로 제조된다. 그러나 유럽이나 미국의 맥도날드 햄버거 패티는 지리적으로 가까운 중남미산 소고기로 제조된다.

야채 토핑

빅맥의 야채 토핑 중 양상추는 맥도날드와 계약을 맺은 특정 농업인이 생산한다. 여름엔 강원도에서, 겨울엔 남부지방에서 재배되어 충남 아산에 위치한 매일유업 양상추 가공센터(1992년 설립)로 집결된다. 맥도날드에 따르면, 재배 농가와 사전 계약하는 것은 기본이고 종자나 비료까지 모두 관리를 받는다. 양상추가 공장에 들어오면 속에 있는 심, 겉잎, 딱딱하거나 먹기 좀 불편한 부위는 모두 제거된다. 이후 여러 번 물에 헹궈 내고, 이물질 검사까지 통과하면 냉장 상태로 매장에 보내진다. 이처럼 국내 농장에서 생산된 양배추는 깨끗하게 씻긴 뒤 진공 포장되어 냉장 상태로 배송되며, 그때그때 사용할 양만큼 매장의 야채 전용 냉장 칸에 옮겨져 관리된다. 모든 식자재는 진공 포장 상태로 보관되기 때문에 오염될 염려가 없다고 한다.

치즈와 소스

빅맥에는 무슨 치즈가 들어갈까? 빅맥에는 소비자의 기호와 관계없이 특정 업체의 치즈가 들어간다. 마트에서 치즈나 우유를 구매할 때는 선호 브랜드를 우리가 직접 고를 수 있지만, 외식업체에서는 메뉴만 고를

철저히 매뉴얼에 따라 일사분란하게 움직이는 맥도날드 노동자들

뿐 재료까지 선택하기는 어렵다. 빅맥에 어떤 재료가 들어가는지는 '기업 간 거래B2B' 관계를 통해 알 수 있다.

맥도날드에 따르면, 빅맥에 사용되는 치즈는 매일유업의 상하치즈다. 이처럼 맥도날드는 양상추, 치즈, 우유를 제공받으며 매일유업과 긴밀한 관계를 유지하고 있다.[*] 한편 맥도날드 햄버거에 들어가는 케첩 등 소스는 국내의 대표적 식품 기업인 오뚜기가 생산한다.

조리 과정의 자동화 시스템

맥도날드 매장에는 매장을 관리하는 점장을 비롯하여 여러 명의 매니저가 있다. 그리고 서비스를 담당하거나 실제로 햄버거를 만드는 크루crew(맥도날드에서 아르바이트생을 부르는 말)가 있다. 이들은 철저하게 맥도날드 본사에서 제공하는 매뉴얼에 따라 움직인다. 그야말로 표준화와 자동화의 원리가 적용된다. 모든 것에 규칙이 있고 시간, 온도 등이 정량화되어 있다. 햄버거 속에 들어가는 패티의 두께와 넓이, 빵의 두께까지 본사의 매뉴얼이 정해져 있어 동일한 형태로 각 매장에 배달된다.

맥도날드는 주문 전에 미리 음식을 만들어 놓지 않는다. 고객의 주문과 동시에 음식을 만들기 시작하는 '메이드 포 유Made For You' 주방 시스템 원칙을 지키며, 주문 이후 최대한 빠르게 제품을 내놓는다. 조리 과정도 초 단위로 정해져 있고, 모든 메뉴는 철저한 표준화 공정에 맞춰 조리된다.

● 매일유업과 라이벌 관계에 있는 서울우유는 국내 최대 커피매장을 보유한 스타벅스와 롯데제과에 우유를 제공하고 있다.

빅맥이 완성되는 과정은 다음과 같다. 햄버거 주문이 들어오면 패티를 굽는다. 패티의 간은 소금과 후추로 한다. 그다음 조리대에서는 갓 구워진 햄버거 빵 위에 구운 소고기 패티와 양상추, 치즈, 피클, 양파를 올려놓는다. 소스도 정해진 용기에 담아 정량을 뿌린다. 층층이 쌓는 순서와 양에도 원칙이 있다. 적정한 소스의 양과 야채들 사이의 간격 등도 정해진 대로 지켜야 한다. 그러면 맥도날드의 인기 메뉴인 빅맥이 완성된다. 완성된 햄버거는 바로 포장돼 카운터에 넘겨지고 고객에게 전달된다.

이처럼 맥도날드 주방에서 햄버거를 만드는 과정은 노동자가 컨베이어 벨트에서 전자 제품을 조립하는 과정과 비슷하다. 매뉴얼에 따른 표준화와 자동화 시스템이 작업의 효율성을 높일 수는 있겠지만, 그 속에서 일하는 사람들은 하나의 부속품으로 전락하고 있다.

패스트푸드,
편리함 뒤에 숨은 덫

패스트푸드가 정크푸드라 불리는 이유

햄버거는 두 얼굴을 한 야누스다. 값싸고 빠르고 간편하며 맛도 좋다는 긍정적인 평가와 함께 비만 유발 식품이란 부정적인 평가를 동시에 받기 때문이다. 요즘은 특히 건강에 대한 관심이 높다. 1990년대에는 전 세계에 웰빙 열풍이 불어닥쳤다. 소득이 높아지고 여유가 생기면 사람들은 자연스럽게 삶의 질과 건강에 대해 생각한다. 최근 패스트푸드에

슈퍼 사이즈 미

〈슈퍼 사이즈 미〉는 괴짜 영화감독 모건 스펄록Morgan Spurlock이 패스트푸드의 폐단을 알리기 위해 제작한 영화다. 모건 스펄록은 한 달 내내 하루 세끼를 맥도날드 햄버거로 떼우면서 자신의 신체가 변화하는 모습을 카메라에 담았다. 실험을 시작한 지 일주일 만에 모건 스펄록은 무려 5킬로그램이나 살이 쪘고, 무기력증과 우울증을 호소한다.

영화 초반 모건 스펄록은 자신의 건강한 몸 상태를 관객에게 수차례 확인시킨다. 신체검사에서 그는 뚱뚱하지도 마르지도 않은 건강한 미국 백인 남자로 판정이 났다.

관객은 그와 함께 맥도날드 햄버거의 실상을 알게 된다. 모건 스펄록이 자신의 차 안에서 패스트푸드를 먹다가 토하는 장면을 보면 관객까지 구토감을 일으킬 정도다.

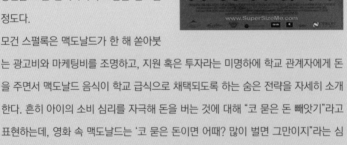

모건 스펄록은 맥도날드가 한 해 쏟아붓는 광고비와 마케팅비를 조명하고, 지원 혹은 투자라는 미명하에 학교 관계자에게 돈을 주면서 맥도날드 음식이 학교 급식으로 채택되도록 하는 숨은 전략을 자세히 소개한다. 흔히 아이의 소비 심리를 자극해 돈을 버는 것에 대해 "코 묻은 돈 빼앗기"라고 표현하는데, 영화 속 맥도날드는 '코 묻은 돈이면 어때? 많이 벌면 그만이지"라는 심산을 노골적으로 드러낸다.

한편, 모건 스펄록은 그의 책 《먹지 마, 똥이야 Don't eat this book》에서 작심한 듯 신랄하게 패스트푸드에 대한 비판의 목소리를 높였다. 스펄록의 설명을 그대로 따르자면 패스트푸드는 '똥'보다도 못하다. 그러나 우리는 패스트푸드에 대한 정보와 비판 대신 그러한 음식을 먹는 데 길들여졌다.

대한 세상의 인식이 이를 잘 반영한다. 빠르고 간편해서 인기가 높던 패스트푸드가 어느새 우리의 건강을 해치는 주범으로 전락했다.

오늘날 소비자는 패스트푸드의 이점보다는 패스트푸드에 사용되는 재료가 건강에 미치는 유해성에 주목하기 시작했다. 햄버거에 사용되는 소고기 패티와 감자튀김을 만드는 데 쓰이는 색소와 기름이 성인병 주범으로 알려지면서 많은 사람이 패스트푸드를 "정크푸드junk food"라고 부르기에 이르렀다. 정크푸드란 과당(설탕) 등이 많이 들어 있어 열량은 매우 높지만 몸에 꼭 필요한 영양소는 부족한 음식을 말한다.

사람들의 지적에 따라 패스트푸드 업계 역시 개선을 위해 노력하고 있지만, 패스트푸드에 사용되는 식재료는 대부분 원산지가 서로 다르거나 다소 불분명한 여러 재료의 조합이다. 대개 그 지역에서 난 것이 아니고, 수천 수만 킬로미터 떨어진 곳에서 생산된 것이다. 즉 푸드마일리지*가 매우 길다. 이윤을 많이 남기고 저렴한 가격에 조달하기 위해 전 세계 각지에서 싼 식재료가 햄버거에 사용되는 것이다. 그러한 식재료를 운반하고 저장할 때 방부제 등이 사용되어 인체에 해로운 영향을 미칠 수 있다. 그뿐만 아니라 회사가 식재료의 내역을 자세히 밝히지 않는 한 소비자는 그 음식의 재료나 성분에 대해 정확히 알 수 없게 된다. 그래서 패스트푸드를 정체불명의 음식이라고도 한다.

대부분의 패스트푸드는 짠맛, 단맛, 고소한 맛 등 자극적인 맛으로 소비자를 끊임없이 유혹한다. 이러한 맛 때문에 사람들은 패스트푸드에

● 식품이 생산·운송·유통 단계를 거쳐 소비자의 식탁에 오르는 과정에서 이동한 거리를 말한다. 이동 거리(㎞)에 식품 수송량(t)을 곱해 계산한다.

느리지만 생산자와 더 가까이 만날 수 있는 슬로푸드는
단순히 패스트푸드를 반대하는 것을 넘어 친환경적이고
지속 가능한 삶을 추구한다.

빠져들게 된다, 아니 중독된다. 대부분의 패스트푸드는 식이섬유가 적고, 고지방을 함유하고 있다. 고지방 음식이 더 맛있고, 값싸며, 오랫동안 보관하기 쉽기 때문이다. 또 프렌치프라이처럼 기름에 튀긴 음식은 트랜스지방 때문에 고소한 맛이 난다. 이런 고과당과 고지방은 필연적으로 영양실조와 비만을 가져온다. 또 패스트푸드로 인한 영양 불균형 때문에 이를 즐겨먹는 사람의 체격은 점점 커지는 데 반해 체력은 약한 상태가 된다. 패스트푸드로 인한 비만은 비만에 그치지 않고 심장질환, 위암, 유방암, 당뇨병, 관절염, 고혈압, 무수정증, 뇌출혈 등 각종 질병에 영향을 미친다.

패스트푸드에서 슬로푸드로!

패스트푸드 등장 이전 사람들은 음식을 먹을 때 식재료와 원산지에 대해 알 수 있었고, 음식은 단순히 먹는 제품이 아니라 공간적 맥락을 지닌 존재였다. 그러나 패스트푸드를 먹는 소비자는 원료의 이력을 알 수 없다. 패스트푸드 회사는 식재료의 원산지를 잘 밝히지 않기 때문에 소비자는 자기가 먹는 음식의 재료가 어디에서 누가 생산했는지를 알 수 없다. 따라서 패스트푸드는 공간적 맥락이 상실된 음식이다. 이를 먹는 사람은 음식에 대해 특정한 의미를 부여하지 않게 된다.

이러한 패스트푸드에 대한 대안으로 슬로푸드라는 개념이 등장했다. 슬로푸드는 조리하거나 먹는 과정에 많은 시간이 걸리는 음식을 말한다. 즉, 조리하는 즐거움과 건강한 식생활을 강조하는 음식이며, 전통음식 보존 등의 가치를 내세우는 슬로푸드 운동을 통해 확산되고 있다.

슬로푸드는 특정한 종류의 음식이라기보다는 먹을거리를 생산하고 가공하는 방식과 관련된다. 한마디로 자연의 법칙에 따라 생산된 음식이다. 슬로푸드의 재료는 최첨단 기술보다는 농민이 수천 년 동안 발전시켜 온 전통적인 방식을 이용하여 만들어진다. 슬로푸드는 사람의 손맛이 들어간 음식이며, 인공적인 숙성이 아니라 자연적인 숙성이나 발효 과정을 거친다. 그래서 슬로푸드를 먹을 때에는 음식에 대해 생각하고, 음식을 만든 사람에게 감사하게 된다.

슬로푸드 운동의 기원은 1986년 이탈리아로 거슬러 올라간다. 로마의 스페인 광장에 미국 패스트푸드 체인점 맥도날드가 들어서자 이탈리아의 지식인과 언론인을 중심으로 반대 의견이 확산된 것이 슬로푸드 운동의 시작이다. 우리나라에서는 2000년대 이후 참살이 운동이 확산되면서 사람들은 건강한 식생활에 많은 관심을 갖게 되었다. 참살이란 웰빙well-being을 순우리말로 표현한 것이다. 세계보건기구WHO는 "건강이란 단순히 병이 없거나 병약하지 않은 상태가 아니라, 신체적·정신적·사회적으로 완전한 상태이다"라고 정의하고 있다. 건강에 대한 새로운 인식과 웰빙의 영향으로, 한국에서도 식재료에 대한 관심이 높아지고 친환경적인 유기농 식품에 대한 소비가 증가하고 있다.

먼저 선점하라!
코카콜라 vs
펩시의
대륙 전쟁

네 번째

"이 맛, 이 느낌

Taste the Feeling"

_ 코카콜라의 슬로건

"새로운 세대의 선택

The Choice of New Generation"

_ 펩시의 슬로건

환상의 콤비, 햄버거와 콜라

코카콜라는 전 세계인이 즐겨 마시는 탄산음료이며, 맥도날드와 더불어 미국식 소비 자본주의의 상징이기도 하다. 콜라 없는 햄버거, 햄버거 없는 콜라를 상상이나 할 수 있을까? 햄버거와 콜라는 환상의 콤비를 자랑한다. 이들은 경제·문화의 세계화를 몸소 실천한 상품이다. 패스트푸드점에 가면, 대개는 햄버거만 달랑 시키지 않고 세트 메뉴를 주문한다. 그러면 햄버거와 프렌치프라이, 콜라가 함께 나온다. 물론 KFC에서처럼 컵만 제공하여 각자의 취향에 따라 콜라, 사이다 등을 선택한 후 마시고 싶은 만큼 마실 수도 있다.

패스트푸드점과 콜라 기업은 기업 간 거래를 통해 서로 연결되어 있다. 롯데리아에서 햄버거 세트 메뉴를 주문하면, 펩시콜라가 나온다. 오랜 기간 롯데와 펩시코PepsiCo는 긴밀한 관계를 유지해 오고 있기 때문이다. 국내 모든 매장에서 판매되는 펩시콜라는 롯데기업을 통해 유통된다. 롯데칠성음료는 41년째, 롯데제과는 12년째 펩시코 제품을 국내에서 판매하고 있다. 이에 반해 외국계 프렌차이즈 기업인 맥도날드, 버거킹, KFC, 웬디스 등은 코카콜라를 취급한다. 이들은 장기간 코카콜라와 독점계약을 맺고 콜라를 공급받고 있다. 웬디스는 1990년대 후반까지 펩시코에서 펩시콜라를 공급받았지만, 코카콜라가 웬디스의 홍보비를 부담하는 조건으로 코카콜라와 장기 계약을 맺었다.

한편 펩시코는 업종 다변화를 통해 많은 패스트푸드점을 사들였다. 우리에게 잘 알려진 피자헛은 바로 펩시코 소유다. 따라서 피자헛에서는 펩시콜라를 제공한다. 펩시코가 소유한 피자헛과 경쟁관계에 있는 도미노 피자는 당연히 펩시콜라를 제공하지 않는다.

우리가 주로 배달시켜 먹는 프라이드치킨 역시 콜라와 환상의 콤비다. 치킨을 배달시키면 공짜로 따라오는 게 있는데, 그게 바로 콜라다. 그런데 유심히 살펴보면, 치킨 가게에 따라 제공하는 콜라의 종류가 다 다르다. 전국적인 브랜드 치킨에는 대개 코카콜라가 함께 딸려 오고, 그

경쟁관계에 있는 펩시와 코카콜라

반대일 경우에는 펩시콜라가 딸려 온다. 펩시콜라는 코카콜라보다 공짜로 제공된다는 이미지가 강하다. 사실 펩시코가 코카콜라를 따라 잡기 위해 물량 공세를 서슴지 않았기 때문이다.

극장에서 영화를 볼 때 우리는 팝콘을 즐겨 먹는다. 이때도 어김없이 콜라를 함께 마신다. 왜 유독 햄버거, 피자, 치킨, 팝콘을 먹을 때 물보다 콜라를 더 선호하는 걸까? 그 이유는 이런 음식 모두가 기름지다는 데 있다. 탄산음료는 갈증을 해소하기도 하지만 소화를 돕는 역할을 한다. 배탈이 나면 마시는 소화제 '활명수'도 콜라와 비슷한 맛이 나는데, 여기에도 탄산이 들어 있다. 색깔도 맛도 콜라와 비슷하다. 여기에서 활명수와 콜라의 연결 고리를 찾을 수 있다. 콜라도 처음에는 탄산음료가 아니라 병을 치료하는 의약품이었다.

의약품으로 시작한 콜라, 탄산음료가 되다

이제 콜라는 우리의 일상과 불가분의 관계를 맺고 있다. 특히 코카콜라는 130여 년의 역사와 함께 전 세계 200여 개국에서 하루 평균 14억 잔 이상 소비되는 세계 최고의 음료 브랜드다. 코카콜라는 세계적인 브랜드 컨설팅 회사인 인터브랜드가 2000년부터 실시한 '최고의 글로벌 브랜드' 평가에서 연속으로 부동의 1위를 차지했다. 그러나 코카콜라의 시작은 그렇게 화려하지 않았다. 미국 남부 애틀랜타의 약사 존 스티스 펨버턴은 1886년 콜라 열매, 설탕, 카페인 등을 섞어 코카콜라를 만들었다. 코카콜라는 처음에 소화불량이나 두통, 심지어 신경증 치료제라고 선전되었고 미국의 수많은 의약품 중 하나였다. 그로부터 2년 후 펨버턴은 이 의약품에 대한 권리를 약제 도매상 에이서 캔들러에게 헐값에 팔아넘겼다. 이후 캔들러는 1919년 회사를 설립했고, 다음 해 금주령이 시행되면서 술 대용으로 콜라가 불티나게 팔렸다.

펩시 역시 약사가 만들었다. 1894년 노스캐롤라이나의 약사 칼렙 데이비스 브래드햄은 위액의 주요 성분인 펩신이 다량 함유된 탄산수를 내놓았다. 소화가 잘된다는 게 코카콜라와의 차이점이었다.

이처럼 코카콜라와 펩시는 예상과 달리 청량음료가 아니라 의약품으로 첫 선을 보였다. 코카콜라는 1886년 의약품으로 탄생해 1910년까지 의약품과 건강음료 사이에서 줄타기를 했다. 코카콜라는 한국의 '박카스'가 그러했던 것처럼, 미국인들의 피로 회복과 건강을 책임지는 음료로서 자리매김하고자 했다. 그 이유는 1898년 미국과 스페인 사이에 전쟁이 벌어지면서 미 의회가 모든 약품에 세금을 부과하기로 결정했기 때문이다. 미 의회가 약품에 세금을 부과하자 코카콜라는 세금을 내지 않기 위해 스스로를 식품이라고 주장하기 시작한 것이다. 그럼에도 불구하고 당시 코카콜라 광고를 보면, 약품과 건강음료 사이에서 줄타기가 계속되었음을 알 수 있다.

많은 음료수들이 약에서 출발했다. 특히 탄산음료는 더욱 그러했다. 탄산음료는 오늘날 그저 청량음료일 뿐이지만, 한때 치료의 효능을 지닌 음료라고 생각되었다. 그 때문에 남녀노소를 불문하고 많은 사람들이 탄산음료를 취급하는 매장을 찾았다. 어느 나라에서나 약국은 약사가 운영한다. 그런데 19세기 미국에서 약국은 약만 파는 공간이 아니라,

콜라의 원료인 콜라 열매

소매점 혹은 잡화점의 기능도 했다. 당시 약국은 두통약을 사거나 탄산음료를 마시며 피로를 풀고 잡담을 나누는 곳이었다. 이렇게 소다수 통을 놓고 고객들에게 탄산음료를 제공하는 상업적 공간을 탄산음료 매장이라 불렀다.

탄산음료 매장은 유럽에는 없는 그야말로 전형적인 미국적 공간이었다. 19세기 후반 독일에 맥주를 즐기는 공간인 '비어 가르텐'이 있었고, 프랑스에 커피를 즐기는 공간인 '카페'가 있었다면, 미국에는 '탄산음료 매장'이 있었다. 19세기 후반 미국 사회에서 음주를 통제하려는 정책이 점차 강화되었는데 그에 따라 술을 팔지 않으면서도 사람과 사람 사이에 사회적 의사소통이 가능한 공간이 필요했으며, 탄산음료 매장이 바로 그러한 역할을 해냈다. 이곳은 술을 팔지 않는 사회적 공간이었다. 20세기 초부터는 지극히 미국적인 공간이 되었다. 아이러니하게도 당시만 하더라도 코카콜라는 건강 음료로 여겨졌으나, 한 세기가 지난 지금은 건강을 해치는 주범으로 여겨지고 있다.

원료와 제조법을 둘러싼 신비주의 전략

코카콜라는 코카와 콜라를 이어 붙인 이름이다. 코카나무는 주로 페루, 볼리비아, 콜롬비아 같은 남미 국가에서 자생하거나 재배된다. 코카나무 잎을 말린 코카잎에는 코카인과 같은 마약 성분이 들어 있다. 반면 콜라나무는 사하라 사막 이남의 서아프리카 열대우림 지역과 인도, 자메이카, 브라질, 하와이에 주로 서식한다. 콜라나무의 열매는 쓴맛이 나고 카페인 함량이 많다. 서아프리카에서는 여럿이 모여 콜라 열매를 씹으며 피로를 푸는 관습이 있었다. 탄산음료의 대명사인 콜라는 바로 이 콜라나무에서 비롯됐다. 19세기 말 처음 콜라를 만들 때 음료에 카페인 성분을 넣기 위해 이 콜라나무의 열매를 사용했기 때문이다. 일부 주장에 따르면 1948년 이후 코카 성분은 더 이상 코카콜라에 포함되지 않는다고 한다. 또한 코카콜라든 펩시콜라든 콜라 추출물을 현재 사용하지 않고 있다고 한다. 코카콜라에 코카 성분도 콜라 성분도 없다면, 과연 코카콜라라고 부를 수 있을까?

흔히 콜라는 99퍼센트의 설탕물과 1퍼센트의 '비밀 성분'을 섞은 음

코카나무와 콜라나무

료에 불과하다고 말한다. 애플의 CEO였던 고故 스티브 잡스가 펩시코의 CEO였던 스컬리에게 "앞으로도 평생 설탕물 장사만 하다가 죽을 것이냐"고 한 일화는 유명하다. 이 한 방에 스컬리는 안정된 장래를 포기하고 신생 중소기업인 애플로 옮겼던 것이다. 그렇지만 우리는 코카콜라를 단순한 설탕물로 인식하지는 않는다.

코카콜라의 제조법은 여전히 비밀로 남아 있다. 1886년 펨버턴이 코카콜라를 개발한 이후 130여 년이 지났지만 지금까지도 그 제조법은 베일에 가려져 있다. 코카콜라는 제조 비밀을 유지하기 위해 펨버턴이 만들었던 코카콜라 원액의 재료를 암호명으로 부르고 있다. '물품 1'은 설탕으로 원액의 절반 가량을 차지한다. '물품 2'는 캐러멜, '물품 3'은 카페인, '물품 4'는 인, '물품 5'는 코카 및 콜라 추출물, '물품 6'은 글리세

월드 오브 코카콜라 내 '시크릿 포뮬라의
금고Vault of the Secret Formula' 전시장

린, '물품 7'은 극비에 해당하는 향료 복합물로 알려져 있다. 그런데 코카콜라는 이것을 마치 비법의 핵심인 양 취급한다.

사실 코카콜라 제조법이란 그저 향료를 혼합하는 방법에 지나지 않는다. 그럼에도 이 암호명 때문에 코카콜라는 마치 신비의 음료라도 되는 양 홍보된다. 게다가 제조법이 적힌 문서는 성스러운 문서인 양 애지중지 보관된다. 코카콜라의 비밀스러운 제조법을 담은 문서가 조지아 신탁 회사의 금고에 들어 있다거나, 물품 번호 '7X'로 분류된 비밀 성분을 아는 사람들이 코카콜라에 2~3명 정도 있는데, 그들은 동시에 같은 비행기를 타지도 않는다는 등 여러 설이 나돌아 사람들의 호기심을 자극했다.

그렇다면 왜 코카콜라 제조법은 여전히 비밀스럽고 베일에 싸여 있는 것일까? 그 이유 중 하나는 코카콜라가 바로 의약품에 뿌리를 두고 있었기 때문이다. 코카콜라의 성분은 사실상 그 당시 웬만한 의약품에서 흔히 사용된 것이다. 그럼에도 불구하고 코카콜라는 오랜 세월 비법 운운하며 신비주의를 고수하고 있다. 이것이 코카콜라의 핵심적 마케팅 전략이다. 그 유명한 콜라의 비밀 제조법은 그저 광고일 뿐이다.

누가 승자일까?
코카콜라 vs 펩시의 100년 전쟁

맛의 우열을 가려라!

이 세상 모든 분야에는 라이벌이 있고 강력한 라이벌은 많은 장점을 가진다. 선의의 경쟁 속에서 성장이 이루어지기 때문이다. 김연아와 아사다가 없는 피겨, 페더러와 나달이 없는 테니스, 호날두와 메시가 없는 축구를 상상해 보라. 건전한 경쟁이 없다면 개인, 집단, 기업, 국가의 성장도 없을 것이다. 지나친 경쟁이 서로를 파멸로 이끌 수도 있지만, 건전한 경쟁은 서로 간의 발전에 없어서는 안 될 조건이다. 코카콜라와 펩시콜라는 모두 19세기 후반(코카콜라는 1886년, 펩시콜라는 1898년) 설립됐다. 그러나 130여 년이 지나도 둘의 아성을 깬 음료 회사는 없다. 지금까지 다양한 콜라가 생겨나 한 시대 또는 한 지역을 풍미했지만 전 세계 소비자의 머릿속에 콜라 하면 떠오르는 이름은 단연 '코카콜라'와 '펩시콜라'다.

펩시콜라는 코카콜라에 가려 만년 2등 자리를 유지하고 있다. 그러나 이 둘 사이에서 1970년대 중반 전 세계를 깜짝 놀라게 한 사건이 발생했다. 펩시콜라가 이른바 '펩시 챌린지'라는 블라인드 테스트를 전격 실시하여 맛의 우열을 가린 것이다. 참가자 앞에 상표가 붙지 않은 컵이 두 개 놓였는데, 그중 하나에는 코카콜라, 또 다른 하나에는 펩시가 담겼다. 참가자는 각 컵의 음료를 한 모금씩 마신 다음 자기가 더 좋아하는 맛을 택했다. 그 결과, 펩시에 대한 선호도가 더 높게 나타났다. 그러나 펩시 챌린지가 펩시에 긍정적인 영향만 미친 것은 아니다. 광고가 거

블라인드 테스트에 숨은 비밀

펩시와 코카콜라를 두고 블라인드 테스트를 하면 대부분 펩시가 이긴다. 하지만 실험 참가자의 눈을 가리지 않았을 때는 상표를 보고 코카콜라를 선택한다. 왜 그럴까? 코카콜라는 뇌 활동을 보여 주는 자기공명장치MRI를 이용하여 그 비밀을 밝혀냈다. 블라인드 테스트에서는 미각을 관장하는 뇌 부위가 활성화되는 반면, 상표를 보고 고르는 경우에는 기억을 관장하는 뇌 부위가 활성화되었다. 맛보다 브랜드의 힘이 강력히 작용하는 것이다. 또 다른 실험에서는 참가자에게 두 개의 잔을 주었다. 하나에는 코카콜라라 적혀 있었고, 다른 하나에는 아무것도 적혀 있지 않았다. 참가자의 85퍼센트가 코카콜라를 선호했다. 사실은 모두 같은 코카콜라였다. 또한 MRI를 통해 코카콜라와 펩시콜라의 이미지에 반응하는 참가자의 뇌를 촬영했더니, 코카콜라 이미지를 보여 주자 활발하게 뇌가 활동하기 시작했다. 그러나 펩시콜라의 이미지를 보여 주자 뇌는 별다른 활동을 하지 않았다. 상표의 이미지가 제품의 선택에 영향을 주는 것이지, 맛 자체는 별 영향을 미치지 않는 것이다.

듭될수록 소비자의 뇌리에 펩시콜라는 영원히 '챌린지(도전)'의 이미지로 남게 되었기 때문이다.

펩시 챌린지의 뜨거운 반응에 불안감을 느낀 코카콜라는 단맛을 첨가하여 '코카콜라'라는 브랜드를 전격적으로 '뉴코크new coke'로 바꾸게 된다. 세계 최고의 브랜드가 2등의 반격에 변신을 꾀한 것이다. 그런데 아이러니한 결과가 나왔다. 달라진 맛에 대해서는 긍정적인 반응이었지만 바뀐 브랜드에 대해서는 부정적인 여론이 생긴 것이다. 결국 여론에 밀려 고유의 맛까지 바꿔 가며 만든 새 브랜드 '뉴코크'는 다시 '코카콜라 클래식'으로 돌아왔다.

뉴욕 퀸즈버러 교에 부착된 펩시 광고

런던 도심 교차로에 부착된 코카콜라 광고

이 사건은 코카콜라에 큰 상처가 되었지만, 브랜드의 가치와 브랜드의 갈 길에 대해 값진 교훈을 남긴 사건이기도 하다. 그것은 바로 사람들은 콘텐츠(품질, 서비스 등)를 소비하지만 길들여진 이후에는 브랜드를 소비한다는 점이다. 코카콜라 맛에 한번 길들여진 후부터는 코카콜라라는 브랜드를 소비하게 된다.

1996년, 코카콜라는 펩시와의 격차를 최대로 벌리며 '100년 콜라 전쟁'에서 승리를 선언했다. 당시 미국 음료 시장에서 코카콜라와 펩시의 시장 점유율 격차는 그간 20년 통틀어 최대였다. 펩시는 그동안 앞서 있던 러시아, 중남미 등 신흥 시장에서도 시장 점유율이 역전되면서 글로벌 시장에서의 입지가 날로 약화되었다.

산타클로스만큼은 양보할 수 없어

세계 여러 나라의 독특한 음식은 그 나라의 기후와 밀접한 관련이 있다. 콜라와 같은 탄산음료와 아이스크림 역시 기후의 영향을 많이 받는 음식이다. 지금은 많이 달라졌지만, 여전히 탄산음료와 아이스크림은 여름을 대표하는 인기 음료다.

초창기 코카콜라는 겨울만 되면 판매 부진을 겪었다. 그래서 매출을 증가시키기 위해 겨울철 수요를 늘리는 것이 관건이었다. 어린이가 크리스마스만 되면 오매불망 기다리는 산타클로스가 사실은 겨울철 수요를 늘리기 위해 코카콜라가 만들어 낸 고안물이라는 걸 아는 사람은 많지 않다. 1931년 코카콜라는 현재 우리에게 익숙한 빨간 외투를 입고, 빨간 모자를 쓰고, 빨갛게 상기된 볼과 수북한 흰 수염에 장화를 신은 산타클로스 캐릭터를 만들어 광고 모델로 사용했다.

초기의 산타클로스는 지금 우리 머릿속에 고정된 모습과는 많이 달랐다. 산타클로스는 여러 가지 색의 옷을 입고 있었다. 근엄한 성자부터 꼬마 요정, 난쟁이까지 모습도 다양했다. 나라마다 지역마다 달랐던 산타클로스가 현재 이미지로 굳어진 것은 1931년 새터데이 이브닝 포스트지에 실린 코카콜라 광고에 의해서다. 생트 헤르, 페르 노엘, 크리스 크링글 등 다양한 이름으로 불리고 기념 방식이나 기념일도 제각각이었던 산타클로스를 코카콜라는 오늘날과 같은 모습으로 만들어 냈다. 미국의 화가 해든 선드블롬이 코카콜라의 상징인 빨간색을 이용한 옷과 콜라 거품을 본뜬 흰 수염을 모티프 삼아 오늘날의 산타클로스 모습을 그려 냈다. 코카콜라 하면 빨간 바탕에 흰색으로 흘려 쓴 글씨가 떠오르는데, 이를 연상시킬 수 있도록 빨간 옷과 흰 소매를 이용해 산타클로스 이미지를 형상화시킨 것이다. 산타클로스가 종교적 이미지를 벗고 어린이들의 익살스러운 친구 같은 이미지를 갖게 된 것도 결국 선드블롬과 코카콜라가 한 일이다. 이 모든 것이 탄산음료 비수기인 겨울철에 코카콜라의 판매를 촉진하기 위해 고안된 고도의 전략인 셈이다.

그런데 최근 펩시코가 콜라 시장으로 다시 눈을 돌리면서 채택한 모델도 역시 산타클로스였다. 코카콜라의 상징이 된 산타클로스를 아예 자사 광고에 내세운 것이다. 펩시코는 산타클로스가 휴양지에서 펩시콜라를 마시는 모습을 담은 광고를 만들면서, '여름엔 펩시'라는 슬로건을 내걸어 코카콜라를 자극했다. 이는 경쟁사의 모델을 이용한 공격 마케팅이라 할 수 있다.

산타클로스를 마케팅에 차용한 코카콜라와 펩시콜라

나라마다 천차만별인
콜라 선호도

음식 선호도에 영향을 미치는 요인

아주 오래 전 코카콜라 사장 로버트 우드러프는 겨울에 대륙 횡단 열차를 타고 캐나다를 여행한 적이 있었다. 그는 기차가 사스캐치완 주의 무스 조라는 조그만 도시를 통과할 때, 영하 37도의 날씨에도 사람들이 역에서 코카콜라를 마시는 장면을 보고 깜짝 놀랐다. 그는 곧 직관적으로 한겨울 난로 앞에서든, 한여름 바닷가에서든 갈증을 느끼기는 마찬가지라고 생각했다. 따라서 코카콜라가 문화뿐 아니라 기후나 지리적 경계도 뛰어넘을 수 있을 것이라 확신했다.

이러한 그의 예상은 1925년 통계를 통해 사실로 확인되었다. 캐나다 몬트리올에서는 1200만 병의 코카콜라가 팔린 반면 플로리다 주 마이애미에서는 900만 병의 코카콜라가 팔렸다. 코카콜라가 따뜻한 마이애미보다 추운 몬트리올에서 오히려 30퍼센트 이상 더 팔린 것이다.

사실 환경적 요인이 음료 소비에 영향을 미치지 않는 것은 아니다. 2013년 여름, 지구촌의 이상기후에 코카콜라와 펩시코 등 음료회사는 울상을 지었다. 미국과 유럽에서 매출이 급감한 것이다. 그해 미국과 유럽에서는 추운 봄, 비가 자주 오는 여름 날씨 때문에 탄산음료 매출이 크게 줄었다.

지역에 따라 다른 자연적 요인과 인문적 요인 역시 음식의 선호에 영향을 미친다. 그러나 음식 선호는 자연적 요인보다 인문적 요인(광고, 정치, 종교, 문화 등)에 의해 더 많은 영향을 받는다. 많은 사람이 코카콜라와

주요 탄산음료의 시장 점유율

코카콜라는 전 세계 콜라 점유율의 2분의 1 이상을, 펩시는 4분의 1을 차지한다.
코카콜라는 미국, 라틴아메리카, 유럽, 러시아에서 펩시는 캐나다와 서남, 남부, 동남 아시아,
이집트, 페루에서 판매를 주도하고 있다.

펩시가 비슷하기 때문에 맛의 차이를 분간하지 못한다. 그러나 코카콜라가 잘 팔리는 국가가 있는 반면 펩시가 더 사랑받는 국가도 있다.

캐나다에서 펩시가 코카콜라를 이긴 이유

프랑스어를 사용하는 캐나다 퀘벡 주에서는 펩시를 더 선호한다. 퀘벡 시는 주요 실내 경기장을 '펩시 대경기장Colisée Pepsi'이라 부른다. 캐나다에서 펩시가 코카콜라를 이길 수 있었던 데는 광고의 역할이 컸다.

1987년 펩시콜라 캐나다 법인 사장으로 영국 출신의 캐빈 로버츠가 임명되었는데, 당시 38세에 불과했던 그는 캐나다에서 부동의 1위를 차지하고 있던 코카콜라를 겨냥했다. 당시 캐나다에서 펩시는 코카콜라에 이어 시장 점유율 2위였으나 3위로 추락할 위기에 처해 있었다. 전임 사장 중 누구도 캐나다 시장에서 펩시가 코카콜라를 이길 수 있다고 생각하지 않았다. 그러나 그는 그의 직원, 바이어, 언론사 관계자가 모인 행사장에서 짧은 연설을 마친 후 가짜가 아닌 진짜 기관총을 집어들고 무대 위에 설치된 대형 코카콜라 자판기에 난사했다. 행사장은 아수라장이 되었다. 그러나 이 깜짝 이벤트가 가져온 효과는 실로 엄청났다. 이 사건은 캐나다 시장에서 펩시가 코카콜라를 따라잡는 데 결정적 계기가 됐다. 로버츠는 기존의 틀을 완전히 깨버렸다. 이 이벤트로 그는 '람보'라는 별명을 얻었고, 펩시는 입소문 효과 덕분에 캐나다에서 코카

펩시를 더 선호하는 캐나다 퀘백 주

콜라를 따라잡을 수 있었다.

러시아, 펩시에서 코카콜라로

정치적 요인이 펩시와 코카콜라의 소비에 영향을 준 러시아의 사례는
유명하다. 개방 전 공산주의 시절, 러시아에는 펩시가 먼저 진출해 콜
라 시장을 장악했다. 그러나 개방 이후 코카콜라가 진출하며 펩시를 따
라잡았다. 러시아인은 재빠르게 펩시에서 코카콜라로 선택을 바꾸었다.
펩시가 신임을 잃은 공산주의 정부를 연상시켰기 때문이다.

펩시코의 러시아 진출은 1959년에 시작됐다. 1959년 닉슨 대통령의
모스크바 방문 때 펩시코의 도널드 켄덜 회장이 동행하여 니키타 흐루
시초프를 만났는데 당시 닉슨 대통령이 흐루시초프에게 펩시콜라의 수
입을 요구한 것이다. 급기야 펩시코는 1972년 다국적기업으로는 처음
으로 러시아에서 제품 생산 및 판매 허가권을 얻어 냈다. 이때부터 펩시
콜라는 인기를 끌었다. 80년대 후반, 펩시는 러시아 어디서든 볼 수 있
는 브랜드가 되었고, 펩시콜라는 '펩시키'란 애칭으로 불리며 매년 수십
억 병이 소비됐다.

1989년 베를린 장벽이 무너지고 3주도 채 지나지 않아, 구소련의 변
화를 보여 주는 상징적인 사건이 발생했다. 고르바초프가 개방 정책을
선언한 것이다. 이를 틈타 코카콜라는 재빠르게 구소련에 진출했다. 반
면 펩시코는 구소련에서 중앙 권력이 얼마나 빨리 쇠락할지 제대로 예
상하지 못했다.

코카콜라는 마침내 1994년 러시아에서 펩시를 따라잡을 수 있었으
며, 이후로도 계속 우위를 유지하고 있다. 러시아 전역에 12개가 넘는

최신 공장들이 설립되었고 길거리나 광고, 방송 등에서 쉽게 볼 수 있는 상품이 되었다. 대부분의 동유럽 국가와 그 밖의 구 공산권 지역에서도 마찬가지로 코카콜라가 펩시를 앞서고 있다. 이렇게 빨리 동유럽에 코카콜라가 진출해 매출을 늘릴 수 있던 것은 동유럽이 갑작스럽게 몰락하기 몇 년 전부터 코카콜라가 이에 대비해 치밀하게 준비했기 때문이기도 하다.

이스라엘은 코카콜라, 중동은 펩시

중동 지역에서 콜라 선호에 큰 영향을 미치는 요인은 바로 종교다. 이 지역의 주요 이슬람 국가들은 유대 국가 이스라엘에서 판매되는 상품에 대해 한때 불매운동을 벌였다. 이스라엘에서 코카콜라가 판매되었기 때문에, 이스라엘과 적대적인 대부분의 아랍 국가는 펩시를 선호한다.

특히 이스라엘이 팔레스타인 가자 지구를 침공할 때마다 코카콜라 불매 운동이 벌어지는데, 그 시작은 1960년대로 거슬러 올라간다. 1966년 코카콜라가 이스라엘 텔아비브에 공장을 세우자, 코카콜라는 "이스라엘의 든든한 후원기업"이라는 인식이 생겼다. 아랍연맹은 그것이 친시온주의적인 행동이라 주장하며 코카콜라에 대한 불매운동을 부추겼다. 이스라엘에서 만든 것도 아니고 단지 이스라엘에서 판매된다는 이유 하나만으로 코카콜라는 중동과 북아프리카에서 찾아볼 수 없게 되었다. 이때부터 코카콜라의 시련이 시작됐다. 북아프리카, 사우디아라비아, 쿠웨이트 등 중동 국가는 약 27년간 코카콜라를 배척했다. 반면 이 시기 동안 펩시는 거의 모든 아랍 국가로 침투해 들어갈 수 있었다.

1990년에 이르러서야 코카콜라는 중동에서 판매를 재개했다. 세계

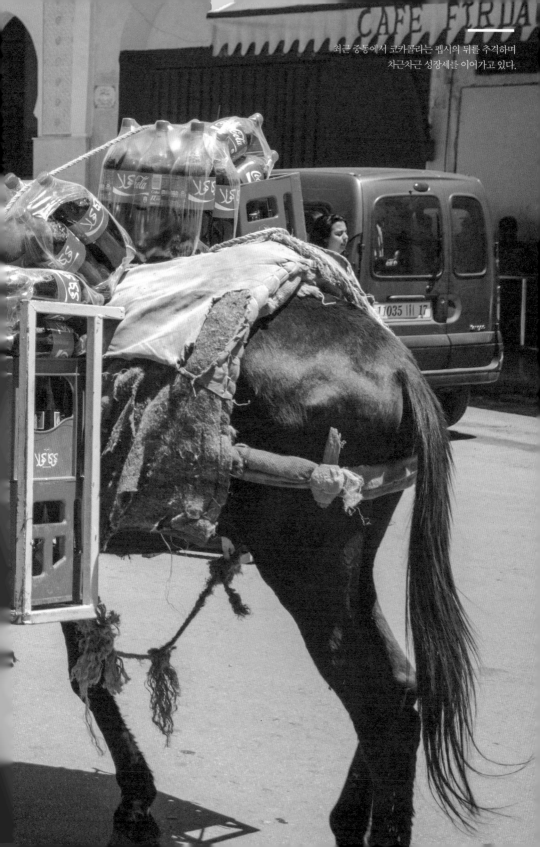

최근 중동에서 코카콜라는 펩시의 뒤를 추격하며
차근차근 성장세를 이어가고 있다.

친이스라엘 기업을 반대한다, BDS 운동

수십 년 동안 지속되어 온 이스라엘과 팔레스타인 간의 영토 분쟁으로 전 세계에 '반이스라엘 정서'가 확산되었다. 2014년에 재개된 이스라엘의 팔레스타인 가자 지구 공습으로 수천 명의 팔레스타인 민간인이 아무 죄 없이 학살되자, 이에 대한 분노와 거부감이 일제히 고개를 들기 시작한 것이다. 이런 가운데 시민사회를 중심으로 '이스라엘 제품 불매운동'이 속속 확산되고 있다. 'BDS 운동'이라고도 불리는 이 불매운동은 이스라엘에서 생산되거나, 이스라엘을 직간접적으로 후원하고 있는 기업의 제품을 거부하는 운동이다.

BDS 운동이란 불매Boycott, 투자 중단Divestment, 제재Sanction를 의미한다. 아랍연맹을 중심으로 한 BDS 운동은 과거 남아프리카공화국의 극단적인 인종차별 정책(아파르트헤이트)에 반대해서 벌어졌던 BDS 운동의 영향으로 시작되었다. 현재 누리꾼 사이에서는 불매운동의 대상이 되는 친이스라엘 기업의 목록이 떠돈다. 여기에는 코카콜라, 맥도날드, 스타벅스, 네슬레, IBM 등 대형 글로벌 기업이 포함되었다.

또한 온라인에는 이스라엘을 후원하는 업체의 제품을 식별하는 다양한 방법이 소개된다. 가령 바코드로 알아내는 방법도 그 가운데 하나다. 바코드 번호가 729 혹은 871로 시작되는 제품의 경우 이스라엘에서 생산된 제품이다.

이스라엘 후원 기업을 보이콧하는 BDS 운동

콜라 시장을 양분하고 있는 펩시콜라와 코카콜라는 타 지역에 비해 상대적으로 미개척 상태로 남아 있는 중동을 겨냥해 활발한 마케팅을 전개하고 있다. 최근에는 펩시의 독무대였던 중동에서 코카콜라의 성장세가 이어지고 있다.

프랑스와 벨기에 그리고 인도, 코카콜라를 외면하다

프랑스와 벨기에, 그리고 인도에서는 코카콜라의 판매가 부진하다. 그 이유를 알기 위해서는 프랑스의 문화적 자부심을 살펴보고, 1996년 6월에 일어난 벨기에 사태, 2006년 8월에 일어난 인도 사태를 알 필요가 있다. 프랑스는 전통적으로 자국 내 코카콜라의 진입을 '코카콜라에 의한 식민화'로 규정했다. 프랑스는 코카콜라를 자국의 자부심이자 '토템 음료'인 포도주에 대한 하나의 침공으로 규정한다. 그래서인지 프랑스의 1인당 코카콜라 소비량은 다른 유럽 국가들의 소비량에 비해 상대적으로 적으며, 오늘날까지도 이런 사실에는 변함이 없다.

1996년 6월 8일 벨기에 브뤼셀의 한 중학교에서는 시험 기간 도중 학생 몇몇이 어지럼증과 복통을 호소하고, 그중 일부는 구토까지 했다. 문제가 된 것은 그들이 자동판매기에서 구입한 캔 코카콜라였다. 그러나 코카콜라와 보틀링 회사인 코카콜라 엔터프라이즈는 이 사건을 대수롭지 않게 여겼다. 며칠 후 벨기에는 선거를 통해 정권이 교체되었는데, 바뀐 새 정부는 식품 안전에 우선을 두어 코카콜라 제품을 모두 판매 금지했다. 상점의 제품을 수거하고, 자동판매기 제품에 대해서도 사용 금지를 명령했다. 이러한 코카콜라 판매 금지는 이웃 국가인 룩셈부르크와 네덜란드, 프랑스에서도 시행되었다.

인도의 경우에는 코카콜라와 특별한 악연이 있었다. 1977년 새로 출범한 인도 정부는 코카콜라에 자국의 회사와 반드시 합작하고, 나아가 코카콜라 제조 비법도 공개하라고 요구했다. 이러한 인도 정부의 요구에 코카콜라는 철수라는 극단적 방식으로 대응했다. 코카콜라는 1991년 인도 정부가 경제 자유화를 추진하면서 철수한 지 16년 만인 1993년 인도로 돌아왔으며, 20년 만인 1997년에 코카콜라 보틀링 사업을 재개했다. 그러나 인도에서는 여전히 펩시가 코카콜라보다 더 많이 소비된다.

코카콜라, 보틀링 시스템으로 세계를 제패하다

보틀링 시스템과 컨투어 병

코카콜라는 200여 개국에서 하루 18억 잔이 소비되고 있다. 코카콜라의 성장에는 '보틀링 시스템Bottling System'이 큰 역할을 했는데 전 세계 각국에 300여 개의 보틀러Bottler(생산 공장)가 약 2000만 개의 유통 거래처에 코카콜라를 납품하고 있다. 이러한 코카콜라와 보틀러 사이의 프랜차이즈 시스템은 미국뿐만 아니라 해외에서도 코카콜라 판매를 급속하게 늘렸다. 미국 본사에서 코카콜라 원액을 각국의 보틀러에 보내면, 현지 공장에서 콜라 원액에 물과 탄산가스를 섞어 병이나 캔에 담는 작업이 이루어진다. 즉, 코카콜라는 본사에서 원액만을 제조해 국내 및 해외의 특정 회사에게 공급하는 프랜차이즈 방식을 채택하고 있다.

그렇다면 이러한 보틀링 시스템은 언제부터 시작된 것일까? 1894년 미국 미시시피 주의 조지프 비든한은 약국의 소다수 기계를 이용해 코카콜라를 판매하던 기존 방식에서 벗어나, 원액을 유리병에 담아 판매하는 이른바 '보틀링 비즈니스'를 시작한다. 현재 전 세계 콜라 시장에서 통용되는 보틀링 비즈니스 사업 모델이 여기에서 비롯됐다. 그러나 이를 현재와 같은 보틀링 시스템으로 발전시킨 사람은 코카콜라의 아사 캔들러였다.

사실 코카콜라를 병에 담아 파는 것은 획기적인 사건이었다. 이전까지만 해도 탄산음료 매장에서만 콜라를 마실 수 있었는데, 병에 담긴 콜라가 나오면서 소비자는 자신이 원하는 장소에서 음료를 마실 수 있게 됐다. 코카콜라가 세계화될 수 있었던 것 역시 이러한 보틀링 시스템 덕분이었다.

코카콜라가 선풍적인 인기를 끌면서 청량음료 시장에서 경쟁이 더욱 치열해졌다. 이미 이때부터 코카콜라의 모조품이 시장에 나오기 시작했다. 미국 각 지역의 보틀러는 코카콜라에 다른 회사의 제품과 확연히 구별되는 병 디자인을 요구했다.

1915년 코카콜라는 보틀러를 대상으로 병 디자인을 공모했는데, 루트 유리 회사의 디자이너로 일하던 알렉산더 사무엘슨과 얼 딘이 공동으로 디자인한 안이 채택되었다. 그들은 수십 번의 디자인 수정 끝에 어둠 속에서도 쉽게 구분할 수 있는 코카콜라 '컨투어 병(contour는 '윤곽'이나 '등고선'을 뜻함. 등고선 같은 곡선을 한 병을 일컫는다)'을 개발했다. 이들은 코카콜라 나무 열매를 연상하면서 병을 디자인하려고 했는데, 코카콜라 열매의 그림이 없어서 생김새가 비슷한 카카오 열매를 보고 디자인했

| 1899~1902 | 1900~1916 | 1915 | 1957 | 1961 | 1991 | 1993 | 2007 |

리뉴얼을 거듭한 코카콜라 컨투어 병

다고 한다. 새로 디자인된 코카콜라 컨투어 병은 1915년에 특허권을 등록해 1916년부터 사용되었으며 1919년부터 모든 코카콜라는 이 병에 담겨져 유통되었다. 컨투어 병은 이후 여러 차례 리뉴얼을 거쳐 재탄생되었다. 그러나 최근에는 페트병과 캔이 대세를 이루면서 컨투어 병은 점차 역사의 뒤안길로 사라져 가는 느낌이다.

코카콜라 보틀링 시스템의 지역화·현지화

코카콜라는 세계화의 아이콘이다. 이를 의식한 듯 코카콜라는 자사의 보틀링 시스템이 지역화·현지화에 기반하고 있음을 강조한다. 코카콜라는 원액만 본사에서 제공할 뿐, 일체의 나머지 생산과 유통은 해당 국가의 보틀러가 일임한다. 따라서 어떤 특정 국가나 지역에서 코카콜라가 많이 팔리면 팔릴수록 그 국가나 지역의 경제에 도움이 되며, 지역민에게도 이익을 가져다 준다는 것이다.

> 프랑스에서 코카콜라는 프랑스 사업입니다. 독일에서는 독일의 사업입니다.
> 이탈리아에서는 이탈리아 사업입니다. 그 결과 코카콜라의 지역 보틀러는
> 프랑스의 트럭, 독일의 트럭, 이탈리아의 트럭을 구매합니다. 트럭이나 기계
> 류, 케이스, 상자, 냉각기, 그리고 그 국가 안에서 구매 가능한 모든 것을 구
> 매합니다. 코카콜라가 판매될 때 그곳이 어디든, 그 사업은 그곳에 있는 사
> 람의 경제적 복지에 공평하고 공정하게 기여합니다. (버크 니콜슨. 코카콜라 수출
> 회사 사장)

코카콜라에 의하면, 코카콜라의 수익 중 가장 많은 부분은 도소매업
자가 차지하고, 그다음으로는 보틀러, 마지막으로 코카콜라라고 한다.
수익만 놓고 보면 그럴지 모르지만 이 주장은 간과하는 것이 있다. 실제
로 코카콜라는 원액을 통해 보틀러를 통제하고, 코카콜라의 시장가격을
좌지우지하기 때문이다. 최근에는 아예 보틀러 사업에 직접 뛰어들기도
했다.

코카콜라가 그 지역 관습이나 문화를 존중하지 않았다면 현지에서
그렇게 광범위하게 뿌리내리기는 어려웠을지도 모른다. 따라서 코카콜
라의 외연적 세계화는 지역화와 더불어 가능했다고 할 수 있다. 오늘날
우리는 "생각은 전 지구적으로, 행동은 지역적으로Think global, act local"
라고 외치며 글로컬리즘glocalism을 내세운다. 코카콜라는 일찍부터 이
를 목표로 삼고 있었던 셈이다.

한국의 코카콜라 보틀링 시스템은 어떨까?

우리가 마시는 코카콜라는 어디에서 어떤 과정을 통해 만들어질까? 우리나라에서도 코카콜라는 보틀링 시스템으로 생산된다. 첫 번째 보틀러이자 수도권 및 강원 지역에 기반을 둔 한양식품(이후 두산식품으로 사명 변경)은 1968년부터 국내에서 코카콜라를 생산하기 시작했다. 이후 우성식품(1971년부터 코카콜라 생산. 부산, 경남 및 제주지역), 범양식품(1973년부터 코카콜라 생산. 대구, 경북 및 충청 지역), 호남식품(1972년부터 코카콜라 생산. 호남지역) 등이 각 지역을 담당하는 코카콜라 보틀러가 되었다. 이처럼 처음에는 개별 보틀러가 코카콜라를 공급해 왔다. 그러다 1980년대 이후 한국 경제가 급성장하면서 코카콜라의 매출도 증가하였다. 그러자 코카콜라는 지역 보틀러보다 직접 통제할 수 있는 더 큰 규모의 보틀러 시스템을 선호하게 되었다. 그리하여 1997년, 기존 업체들과 재계약 거부 및 원액 공급 중단을 선언하고 1998년에 '한국코카콜라음료(주)'라는 회사를 설립하여 직영생산 체제로 바꾸었다.

한국코카콜라는 한국코카콜라(유)Coca-Cola Korea Company와 한국코카콜라음료(주) Coca-Cola Beverage Company라는 두 개의 독립 법인으로 이루어져 있다. 한국코카콜라(유)는 원액 제조 및 상표 보호, 브랜드 홍보를 담당하고 있는 반면, 한국코카콜라음료(주)는 국내 코카콜라 제품의 생산, 유통 및 판매 활동을 전담하고 있다. 현재 한국코카콜라음료(주)의 대주주인 LG생활건강이 코

한국코카콜라의 공장 위치

카콜라의 생산, 유통, 판매를 맡고 있는 셈이다.

한국코카콜라음료(주)의 생산 공장은 경기도 여주, 경남 양산, 광주에 있다. 여주 공장은 수도권 및 경기도 및 강원도를, 광주 공장은 호남권(전라남북도) 및 대전을 포함한 충청권 및 제주도를, 양산 공장은 영남권(대구, 부산 및 경상남북도)을 담당하고 있다.

우리나라에 공급되는 코카콜라의 상품사슬은 이러한 보틀링 시스템을 통해 알 수 있다. 사실 이전에는 코카콜라 본사가 원액을 세계 각 지역의 보틀러에 공급했다. 그러나 현재 원액은 미국 코카콜라 본사가 운영하는 유한회사인 한국코카콜라(유)가 국내에서 직접 만든다. 독점계약을 맺은 한국코카콜라음료(주)는 이 원액을 사와서 물과 설탕, 이산화탄소를 넣고 코카콜라를 다시 만드는 것이다.

독자적 콜라를 만들자!
콜라 독립 선언

세계화의 아이콘인가, 제국주의의 상징인가

코카콜라는 제1차 세계대전을 거쳐 제2차 세계대전 동안 미군이 참전한 여러 국가로 뻗어 나가며 해외에 진출하기 시작했다. 그리하여 제2차 세계대전 이후 최초의 전 지구적 음료로 자리 잡게 되었다. 미국은 코카콜라를 가장 훌륭한 외교사절이라고 칭찬했다. 또한 미국의 대표적 시사 잡지인 《타임》은 1950년 5월 15일 판에 세계적 인기를 끌던 코카콜라를 특집기사로 다루었다. 《타임》의 표지는 지구가 즐거운 표정으로 코카콜라를 마시는 장면을 묘사했다. 사실상 이 그림은 어머니가 어린아이에게 우유를 먹이듯이, 코카콜라가 지구를 한 손으로 떠받들고 코카콜라를 먹이는 장면을 연출하고 있다. 목마른 지구는 입을 모으고 콜라병을 쭉쭉 빨고 있다. 이 그림이 의미하는 바는 분명하다. 코카콜라는 이제 단순한 음료가 아니라 목마른 아이에게 마실 것을 주는 엄마 같은 존

코카콜라를 특집 기사로 다룬《타임》

재라는 것이다. 또한 지구는 거대한 시장이며 코카콜라는 그 시장의 주인이라는 것이다.

코카콜라는 바로 그런 이유 때문에 특히 유럽에서 많은 저항에 직면했다. 유럽의 미국화, 코카콜라 식민화, 제국주의적 코카콜라 테러, 코카콜라 제국주의 등의 용어가 난무했다. 공산주의자는 코카콜라가 자유무역이 아닌 제국주의를 퍼뜨리는 도구라고 여겼다. 유럽의 고급문화가 미국의 저급한 대중문화에 손상을 입었다는 것이다. 게다가 지역 산업을 대표하는 포도주와 맥주 제조업자는 자신의 생계와 직접 관련되어 있었기 때문에 더더욱 격렬하게 코카콜라를 비난했다.

사실 코카콜라만큼 국경과 인종, 종교를 뛰어넘어 많이 팔린 상품은

없다. 코카콜라는 세계화의 상징임에 틀림없다. 문제는 이런 세계화가 미국화를 의미할지도 모른다는 것이다. 경제적으로 그랬고, 문화적으로도 그랬다. 우리는 어쩌면 미국의 경제적, 문화적 식민지에 살고 있는지 모른다.

우리만의 콜라를 만들자!

코카콜라로 대변되는 미국에 의한 세계화는 큰 반발을 불러왔다. 코카콜라는 보틀링 시스템이 미국뿐만 아니라 해당 국가 및 지역을 위한 사업이라고 강조했다. 그러나 그 결과 온 세상이 코카콜라로 뒤덮였다. 이를 벗어나기 위한 몸부림을 여러 국가에서 찾아볼 수 있다. 콜라 독립을 선언하고, 독자적인 콜라를 만들어 코카콜라에 대항하고 있는 것이다.

앞에서 이야기했듯이, 우리나라에서는 처음에 코카콜라 보틀링 사업이 4개 회사에 의해 이루어졌다. 그런데 1980년대 후반 미국 코카콜라가 직영 체제를 갖추기 위해 이 4개 회사에 지분을 넘겨 달라고 요구했다. 두산음료, 우성식품, 호남식품은 이 제안을 어쩔 수 없이 받아들였지만, 범양식품은 지분 매각을 거부했다. 범양식품은 자체적으로 콜라를 만들어 1998년 4월 1일부터 시판에 들어갔다. 그리고 그 콜라의 이름을 미국의 코카콜라로부터 독립하겠다는 의미로 '콜라 독립 815'라고 지었다.

한국인의 민족주의와 애국심에 호소하고자 한, '콜라 독립 815'의 주요 소비자층은 10대 후반에서 20대 전반의 젊은이였다. 당시 대학생은 이 콜라를 마시는 것을 일종의 '애국 행위'로 인식했다. 콜라 독립 815는 빠른 속도로 소비자의 호응을 얻는 데 성공했다. 그러나 2000년에 들어서면서 서서히 침몰하기 시작했다. 웰빙이 주된 관심사가 되면서 토종 콜라가 설 자리가 줄어들었고, 코카콜라와의 경쟁에서 더 이상 버틸 수 없던 나머지, 결국 2005년에 파산했다.

우리나라에 콜라 독립 815가 있었다면, 영국에는 '버진 콜라Virgin Cola'가 있었다. '버진 콜라'는 코카콜라와 펩시콜라를 양대 축으로 하는 세계적 과점 체제에 대한 일종의 도전이었다. 리처드 브랜슨은 영국 출신으로 괴짜로 통하는 버진 그룹 창업자이자 회장이다. 버진 그룹은 항공, 미디어, 관광, 금융 산업 등 다양한 분야에 진출한 다국적기업이다. 리처드 브랜슨은 버진 콜라를 들고 이 쌍두마차 체제에 끼어들기를 시도했지만, 버진 기차, 버진 비행기, 그리고 버진 기업 본사 외에 버진 콜라를 볼 수 있는 곳은 없었다. 버진 콜라 역시 실패로 돌아갔다.

중동의 이슬람 국가에서는 반미 감정이 매우 심하다. 특히 걸프 전쟁은 이를 더욱 심화시켰다. 이라크 침공에 반대했던 대부분의 이슬람 국가는 미국에 대한 항의의 표시로서, 또한 이슬람 세계의 결속의 상징으로 만들어낸 '잠잠Zamzam 콜라'를 빠르게 받아들였다. 이란 기업이 만드는 잠잠 콜라는 이슬람의 성스러운 샘 '잠잠'에서 이름을 따왔다. 잠잠 콜라는 단순한 이슬람 콜라에서 반 코카콜라, 반미 콜라, 반전 콜라로 그 의미가 확대되었다. 최근엔 이슬람 성지인 메카의 지명을 딴 '메카 콜라Mecca Cola' 브랜드가 등장해 코카콜라를 위협하고 있다. 코카콜라와 비슷한 빨간색 용기에 흰색 로고가 새겨진 메카 콜라는 중동 지역의 반미 감정을 잘 대변한다. 메카 콜라는 코카콜라와 디자인이 비슷하여 짝퉁 코카콜라로 불리기도 한다.

지역적 성격을 지닌 민족 콜라도 코카콜라를 향한 공격에 가담하고

민족주의에 호소했던 콜라 독립 815의 광고 포스터

직접 버진 콜라 판촉 행사에 나선 리처드 브랜슨

있다. 코카콜라는 종교와 민족 그리고 편견을 초월한 모든 사람을 위한 음료라는 점을 부각시키는 반면, 민족 콜라는 특정 종교나 민족을 겨냥 해 민족주의를 자극하는 콜라를 말한다. 아랍에미리트 연방의 '스타 콜 라Star Cola'와 남아메리카의 '잉카 콜라Inca Kola'는 걸프 전쟁 이후 40 퍼센트가 넘는 매출 증가세를 보이며 코카콜라의 매출을 앞질렀다. 중 남미에서는 노란색으로 유명한 페루의 잉카 콜라가 한때 코카콜라를

아랍에미리트의 메카 콜라
남아메리카의 잉카 콜라
터키의 콜라 투르카
시리아의 크라운 콜라

누르고 잘 팔렸으나 결국 코카콜라에게 인수되는 수모를 겪기도 했다. '콜라 투르카Cola Turka'는 터키에서 성공적으로 출시되었고, 현재 시장 점유율 약 35퍼센트라는 놀라운 성적을 기록하고 있다. 광고는 이 제품의 '터키적 특성'을 부각시키는 데 초점이 맞추어져 있다. 시리아의 경우엔 코카콜라뿐만 아니라 펩시에도 유대인 자본이 흘러들었다는 이유로 '크라운 콜라Crown Cola'라는 낯선 업체의 콜라가 많이 팔린다.

톡 쏘는 맛 이면에 숨은
불편한 진실

코카콜라 역시 햄버거와 마찬가지로 최근 들어 정크푸드라는 비판을 받고 있다. 대부분의 패스트푸드 기업은 경기 침체와 웰빙 바람에 고역을 치르고 있다. 웰빙에 대한 관심은 자연스럽게 탄산음료, 햄버거 같은 패스트푸드에 대한 반감으로 이어졌다. 탄산음료, 햄버거는 비만과 건강을 해치는 주범으로 인식되고 있기 때문이다.

콜라는 99퍼센트의 물과 설탕으로 이루어져 있다. 이는 코카콜라의 원료에서 설탕이 차지하는 비율이 거의 절대적이라는 말이다. 콜라 한 캔에는 각설탕 아홉 개에 해당하는 당이 함유돼 있다. 설탕과 소금의 과다 섭취는 건강을 해치는 요인으로 손꼽힌다. 설탕이 비만에 큰 영향을 미친다면, 햄버거 등 패스트푸드에 많이 들어가는 소금은 고혈압, 혈관 계통에 문제를 유발한다.

또한 코카콜라는 인도에서 환경을 파괴하는 주범으로 몰려 곤혹을 치르고 있다. 원액을 제외하면 코카콜라를 만들 때 가장 중요한 것은 깨끗한 물이다. 인도 남부 지역 케랄라에 진출한 코카콜라 공장은 더 이상 지하수를 퍼 올리지 못해 폐쇄될 위기에 처했다. 환경 단체와 지역 주민은 코카콜라가 그동안 음료수 생산을 위해 천공을 파놓고 지하수를 무분별하게 퍼 올린 결과 주변 지역의 논과 야자수가 황폐화되어 사막화 현상을 보이고 있다고 주장한다.

이런 논란을 의식한 듯 코카콜라는 환경 문제 해결을 위해 앞장서고 있다. 산타클로스와 함께 코카콜라의 오랜 모델인 북극곰을 보호하기 위해 코카콜라가 벌이는 캠페인이 그 한 예다.

코카콜라는 지구온난화로 북극곰이 멸종 위기에 놓이자 자사 모델을 구하는 데 나서기로 했다. 세계적 환경보호 단체인 세계야생기금WWF 과 함께 북극곰을 살리기 위한 모금에 나서는 한편 다양한 환경보호 활동을 시작한 것이다. 2007년부터는 '어스 아워Earth Hour(지구촌 불끄기 행사)'에도 글로벌 후원사로 참가해 기후 변화의 심각성을 알리는 일을 돕고 있다. 이처럼 코카콜라는 정크푸드, 환경 문제의 주범이라는 오명을 벗기 위해 안간힘을 쓰고 있다.

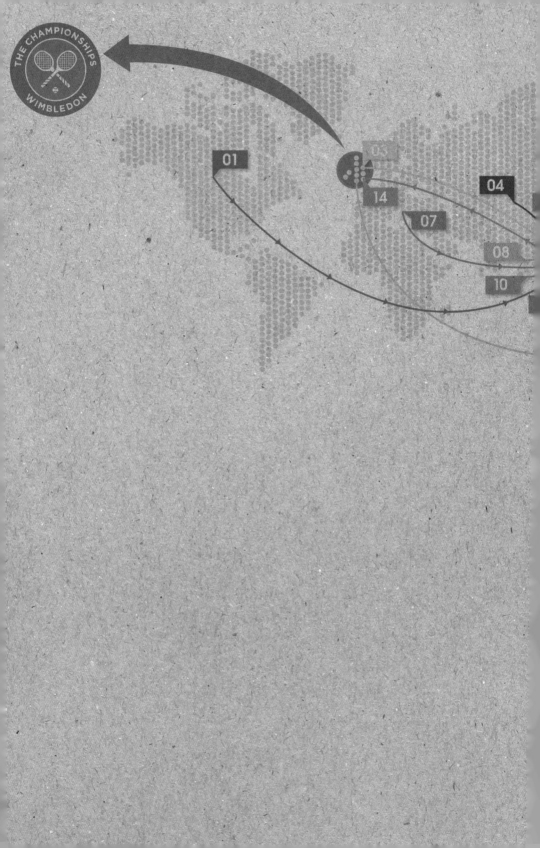

공,
누군가에겐 기쁨
누군가에겐
악몽?

다섯 번째

"공은 둥글다

Der Ball ist rund und ein Spiel dauert 90 Minuten"

_제프 헤르베르거

안방에서 국제 경기를?
스포츠의 세계화

세계화는 지식과 정보, 생활양식, 기업 등이 점점 더 빨리 전 세계로 확산되는 것을 의미한다. 한 장소에서 생산된 제품과 서비스가 다른 장소로 더욱 더 쉽게 이동하는 세계화 시대에는 우리가 먹고 입는 것뿐만 아니라 무언가를 구매하는 행위도 수천 킬로미터 떨어져 있는 사람에게 영향을 준다. 스포츠 역시 세계화의 훌륭한 사례다. 국제적인 스포츠 이벤트에는 다양한 국가가 참여한다. 우리는 지구 저편에서 펼쳐지고 있는 스포츠 경기를 텔레비전 생방송으로 시청할 수도 있다. 그리고 가까운 스포츠 매장에서 다양한 나라에서 만든 스포츠 의류와 신발, 용품을 구매할 수 있다.

스포츠 경기가 전 세계에 방송됨에 따라 데이비드 베컴과 같이 국경을 초월한 인기 스타가 출현하기도 하고 국제적 수준에서 다양한 스포츠를 촉진하기도 한다. 세계화는 스포츠의 대중화에도 기여하며, 이에 힘입어 다국적기업은 중계권 사업을 벌이고, 각종 스포츠 의류, 신발, 용품을 제조하여 이윤을 추구한다.

그뿐만 아니라 스포츠의 세계화는 선수의 국제적 이동을 유발한다. 스포츠 선수는 한 국가의 리그 내에서 팀 간 이동은 물론 국경을 초월하여 국제 무대로 이동하기도 한다. 특히 프로 선수는 훌륭한 플레이를 펼칠 수 있고 합당한 대우만 받을 수 있다면 전 세계 어디로든 이주한다. 이제 유명 축구 선수의 국적은 그리 큰 장애물이 아니다.

영국 축구의 프리미어 리그는 좋은 사례. 현재 280여 명 이상의 외국 선수가 프리미어 리그에서 활약하고 있다. 그들은 전 세계 50여 개국에서 왔으며, 프리미어 리그의 일군 선수 중 약 50퍼센트를 차지한다. 영국 프리미어 리그는 축구를 매개로 한 이주의 세계화를 보여 주는 훌륭한 사례인 셈이다.

사실 스포츠의 세계화를 가장 잘 보여 주는 이벤트는 뭐니 뭐니 해도 세계적인 스포츠 축제 올림픽과 월드컵이다. 특히 올림픽은 약 200개국 출신의 선수가 한데 모여 평화, 존중, 경쟁의 정신으로 선의의 경쟁을 펼친다. 올림픽 게임의 중계료는 실로 엄청나며, 220여 개국에서 약 31억 명 정도가 시청한다. 세계화 덕분에 올림픽 역시 세계적인 스포츠 이벤트로 성장했다. 교통의 발달로 올림픽에 보다 쉽게 참여할 수 있게 되었고, 통신의 발달은 전 세계 시청자가 텔레비전과 인터넷으로 올림픽 게임을 언제 어디에서든 볼 수 있도록 해 주었다.

월드컵은 스포츠의 세계화를 여실히 보여 주는 빅 이벤트다.

몸집 키우는
다국적기업들

스포츠의 세계화 또는 스포츠의 대중화는 스포츠 관련 다국적기업의 급속한 성장을 가능하게 했다. 스포츠는 전 세계를 무대로 한 거대한 사업이다. 나이키, 스카이 텔레비전, 코카콜라와 같은 거대한 다국적기업은 매년 스포츠에 수백만 달러를 투자한다. 특히 나이키의 세계 진출은 스포츠 세계화의 좋은 사례다. 나이키는 이윤을 좇아 지구 어디든지 달려간다. 나이키와 같은 다국적기업은 제3세계나 아프리카의 일부 국가보다 더 부유하다. 데이비드 베컴, 타이거 우즈, 마이클 조던과 같은 세계적인 스포츠 스타는 나이키 신발을 신고, 옷을 입고, 스포츠 용품을 사용하는 대가로 엄청난 돈을 벌어들인다. 이런 스타 마케팅을 통해 다국적기업은 더 많은 수익을 올린다. 스포츠 경기에 스폰서십을 통해 자금을 대고 그로 인한 홍보 효과를 톡톡히 챙기는 것이다.

세계화가 빛과 그림자를 동시에 가지고 있듯이, 스포츠의 세계화도 마찬가지다. 스포츠는 우리에게 많은 영향을 미치지만, 그것은 긍정적일 수도 부정적일 수도 있다. 예를 들어 경기장을 건설하거나 기존의 경기장을 확장한다고 하자. 이것은 어떤 사람에게는 이익을 가져다주지만, 어떤 사람에게는 손실을 초래할 수 있다. 세계적 축제인 올림픽과 월드컵은 훨씬 더 큰 영향을 미칠 수 있다. 어떤 사람은 이런 스포츠 축제가 개최국에 엄청난 경제적 효과를 가져온다고 여기지만, 막대한 비용에 비해 그렇게 효과가 크지 않다고 주장하는 이도 있다. 한때 그리스는 국가 부도 사태에 직면했었다. 그 원인으로 지목되는 것 중 하나가

스포츠 마케팅으로 많은 돈을 벌어들이는 다국적기업들

바로 2004년 개최된 제28회 아테네 올림픽이다. 근대 올림픽 정신을 되살린다는 의미에서 올림픽의 탄생지 그리스에서 개최됐으나, 그 당시든 막대한 비용이 발목을 잡았다. 스포츠의 세계화, 장밋빛만은 아닌 것이다.

어메이징한
공인구의 세계

월드컵이나 윔블던 테니스 대회 등 세계적인 스포츠 이벤트가 다가오면 새로운 디자인이나 재료로 만든 공인구가 스포츠 기사에 등장한다.

구기 종목이 많은 만큼 각 경기에 사용되는 공 역시 다양하고, 또 만드는 회사에 따라, 그 재질에 따라 공 역시 달라진다. 그리하여 '공인구'라는 개념이 생겨나게 됐다. '공인구'란 각 구기 종목을 관장하는 기구에서 규정에 따라 선정한 공식 공을 말한다. 공인구라는 용어는 아마도 월드컵을 계기로 스포츠팬에게 친숙해졌을 것이다. 월드컵이 열릴 때마다 등장하는 공인구 이름을 한 번쯤은 들어보았을 것이다. 그렇다면 누가 언제부터 월드컵 공인구를 생산하기 시작했을까?

오늘날 세계 축구공 산업은 아디다스와 나이키가 양분한다. 월드컵에 사용되는 축구공은 대개 개최국의 특성을 살릴 수 있는 디자인에 역점을 둔다. 하지만 디자인이 전부는 아니다. 각 공은 이름을 가지고 있다. 사실 1960년대까지는 12장이나 18장의 가늘고 긴 가죽으로 된 축구공이 일반적으로 쓰였는데, 이때의 축구공은 게일릭 풋볼*에서 쓰이는 공과 같은 형태로 배구공과도 닮았다. 1960년대가 되자 검게 칠한 오각형 가죽 12장, 희게 칠한 육각형 가죽 20장, 총 32장으로 이루어진 정이십면체의 공이 등장했다. 1970년 제9회 국제축구연맹FIFA 멕시코 월드컵부터 아디다스가 스폰서가 되면서, 품질이 서로 다른 공을 사용함으로써 생기는 논쟁을 피하기 위해 32개 조각으로 이루어진 '텔스타'라는 최초의 공인구가 사용되었다. 텔스타의 모양은 아디다스 외의 제조사에서도 채택되었으며, 축구공이라고 하면 보통 이 모양을 떠올리게 되었다. 그 이후 오랜 기간 동안 디자인이 변했지만 오각형과 육각형의

● 아일랜드에서 시작된 운동으로 투기·럭비·축구가 혼합된 형태다. 세계적으로 아일랜드계 사람 사이에서 널리 행해지는 스포츠다.

1930년-2014년까지 월드컵 공인구의 변천

조합은 계속 이어졌다. 그러나 2006년 FIFA 독일 월드컵 즈음에 아디다스가 공개한 '팀가이스트'는 지금까지의 공과 전혀 다른 구조로, 외부 패널(가죽 조각) 14조각을 사용해 보다 구형에 가까워졌다. 이때부터 공의 외피를 꿰매지 않고 기계 열을 이용해 압착해 붙이는 방식을 취했다. 2010년 FIFA 남아공 월드컵의 공인구인 '자블라니'는 8조각으로 이루어져 더욱 구형에 가깝다. 2014년 FIFA 브라질 월드컵의 공인구 '브라

세계 축구공 산업의 공룡

아디다스는 1970년 멕시코 월드컵에 공인구를 제공한 이후부터 월드컵과 끈끈한 관계를 유지하고 있다. 아디다스가 공인구를 만들기 전에는 월드컵 때마다 공을 둘러싸고 논쟁 아닌 논쟁이 벌어졌다. 당시에는 지금처럼 월드컵 공인구가 존재하지 않아 서로 자국 공을 사용하겠다며 신경전을 벌였다. 이러한 신경전은 1970년 이후 끝이 났다. 아디다스는 이후 46년 이상 FIFA의 공식 후원사로 선정돼 월드컵 시즌마다 공인구를 만들고 대규모 마케팅을 펼친다. 스포츠 산업에서 아디다스는 이제 범접할 수 없는 공룡 기업인 셈이다. 최근 들어 나이키가 월드컵 공인구를 생산하기 위해 노력하고 있지만 아디다스를 따라잡기는 쉽지 않아 보인다. 월드컵 공식구 브라주카 역시 아디다스가 만드는데, 이를 만드는 공장은 중국 선전에 위치하고 있다. 브라주카를 만드는 데 사용되는 다양한 원료는 지리적으로 근접한 아시아 국가(대개 중국, 파키스탄, 베트남)로부터 공급된다. 아디다스는 브라주카를 만들기 위해 이들 국가의 원료 공급자와 함께 일하며 대체로 자사 축구공의 67퍼센트를 아시아(중국, 파키스탄 등)에서 제작한다.

주카' 역시 6조각으로 이루어져 더 구의 모양에 가까워졌다. 또한 표면에 미세돌기 처리를 해 공기 저항을 줄이고, 실밥으로 인한 불규칙 바운드를 최소화하였다.

이처럼 월드컵 공인구는 매 월드컵마다 진화하고 있다. 축구공은 재료뿐만 아니라 패널 그리고 꿰매기 등 많은 부분에서 변화했다. 최근 생산되는 월드컵 공인구는 천연 가죽이 아니라 인조 가죽으로 만들어지며, 사용되는 가죽 조각 수도 계속 줄어들고 있고 더 이상 실을 사용해 꿰매지도 않는다.

축구공이 월드컵 그라운드에
오기까지

 축구공의 상품사슬은 축구공이 공장에서부터 우리 집에 오기까지의
전 과정을 알려 준다. 매년 전 세계적으로 약 4000만 개의 축구공이 판
매되며, 월드컵 기간에는 판매량이 폭발적으로 증가한다. 월드컵은 지
구상에서 가장 높은 시청률을 자랑하는 축구 경기로, 전 세계 수십억 명
의 사람이 시청한다. 하지만 경기장을 종횡무진 누비는 공을 좇는 데는
관심을 기울여도 축구공이 어떻게 월드컵 경기장에 오게 됐는지에 대
해 관심을 갖는 사람은 그리 많지 않다. 축구공이 만들어져 소비자나 그
라운드에 이르기까지는 세 가지 주요 단계를 거친다.

제조 단계

축구공을 만드는 곳은 여러 요건을 갖추어야 한다. 원료와 제품 수송에
유리하고, 축구공을 만드는 데 필요한 전문 지식이 풍부한 사람을 갖추
고, 노동비도 상대적으로 싸야 한다. 오늘날 축구공은 중국의 선전과 같
은 동아시아 지역에서 주로 제조된다. 이곳에 위치한 공장은 아디다스
나 나이키가 직접 소유한 공장이 아니라, 이들에 제품을 만들어 납품하
는 하청 업체이다. 2014 브라질 월드컵에 사용된 브라주카는 중국 선전
에서 만들어졌다. 축구공을 만드는 데 필요한 원료가 이곳에 도달하는
과정은 훨씬 더 복잡하다. 원료는 도로, 철로, 항공 등의 교통을 이용하
여 다양한 국가로부터 운반되기 때문이다. 선전 공장에서 축구공을 만
드는 데 쓰이는 모든 원료가 총 이동한 거리의 합계는 1만 6000킬로미

터가 넘는다. 이러한 원료가 중국으로 반입되기 위해서는 중국의 법령을 준수해야 하고 중국 세관을 통과해야 한다.

다양한 수송 단계

축구공을 만드는 것은 상품사슬 중 첫 번째 단계일 뿐이다. 일단 축구공이 생산 라인을 통과하여 테스트 과정을 마치면, 유통회사의 물류 담당자가 판매 지점까지 축구공의 긴 여행을 맡는다. 선전의 공장에서 축구공을 실은 트럭은 홍콩 컨테이너 항구 또는 공항 가까운 곳에 위치한 물류 센터로 축구공을 운반하고, 운반된 축구공은 창고에 보관된다. 창고에 보관된 축구공은 해외 수송을 위해 컨테이너에 적재된다. 적절한 증빙서류를 제출해야만 축구공을 실은 적하물이 세관을 통과할 수 있다. 세관 통과 후 컨테이너는 육로, 항로, 해로를 이용하여 운송된다. 축구공을 적재한 컨테이너가 목적지에 도착하면 다시 그 나라 세관을 통과해야 한다.

배달과 유통 단계

축구공이 최종 목적지인 어떤 국가에 도달하면, 고객이 있는 장소로 운반된다. 예를 들어, 미국과 같은 큰 국가에서는 축구공이 상당한 거리를 이동하게 된다. 이 과정은 전체 운송 과정 중 가장 복잡한 부분이다. 컨테이너에서 꺼낸 축구공은 트럭에 실려 물류 창고에 보내지고 이곳에서 포장된 축구공은 지역 유통센터로 분배된다. 지역 유통센터에서 축구공은 다시 대리점과 온라인 주문센터로 운반되며, 이곳에서 소비자의 집으로 배달된다. 이처럼 축구공이 만들어져 우리에게 오기까지의 과정은 매우 멀고도 복잡하다. 축구공이 생산 공장에서 목적지로 더 효율적으로 운송되기 위해서는 이러한 3단계가 유기적으로 잘 작동해야 한다.

브라질 월드컵 공인구 '브라주카'의 상품사슬

처음 축구가 등장했을 때 사용된 공은 대개 천이나 짚으로 뭉친 덩어리였다. 축구와 유사한 운동이 존재한 몇몇 나라에서는 소나 돼지의 허파 또는 방광(오줌보)을 사용하기도 했다. 그러나 축구가 공식적으로 경기의 모습을 갖추고 기술이 발달함에 따라 바람을 넣어 둥근 모양을 띤 축구공이 고안되었다.

2014년 브라질 월드컵에 사용된 축구공인 브라주카는 최신 기술력을 총동원해 만들었다는 평가를 받는다. 훌륭한 축구 선수가 되려면 고된 훈련을 거쳐야 하는 것처럼, 질 좋은 축구공을 만들고 이를 공급하는 데도 신중한 상품사슬 계획과 고된 노동이 필요하다.

축구공을 만드는 맨 처음 과정은 필수적인 원료의 공급지와 공급업자를 찾는 일이다. 축구공은 매우 단순해 보이지만, 최근 축구공은 외피를 구성하는 가죽(인조가죽, 합성피혁), 안쪽의 부직포(면화와 폴리에스테르), 그리고 공기 주머니인 라텍스(고무 튜브), 그리고 다른 여러 재료로 구성된다. 일단 이러한 원료가 공급되면, 축구공을 만드는 작업에 돌입한다. 축구공의 핵심은 내피를 구성하는 가죽과 고무로 만든 튜브다. 축구공은 대부분 가죽이나 고무를 사용해 만들었다. 그러나 요즘에는 천연고

무나 가죽 주머니 대신 라텍스latex 또는 부틸butyl을 사용한다. 라텍스는 말레이 반도를 중심으로 재배되는 고무나무 껍질을 칼로 그으면 나오는 끈적한 액체에 화학반응을 하여 얻어진다. 라텍스로 만든 내피 주머니는 공기로 가득 채워지고 그 후 내구력, 구조, 탄력을 추가하기 위해 폴리에스테르와 면화로 구성된 4겹 이상의 안감(부직포)으로 둘러싸인다. 마지막으로, 6조각의 인조가죽을 외부에 붙이면 지구촌이 열광하는 축구공이 완성된다. 공의 무게는 410~450그램이고, 공의 둘레는 68~70센티미터이다.

우리가 축구공에서 특히 관심을 가지는 부분은 외피다. 오랫동안 축구공의 외피에 천연 소가죽이 쓰였으나 오늘날에는 수중전에도 일정한 공의 무게를 유지하는 데 적합한 합성 재료가 쓰인다. 천연 소가죽으로 만든 축구공은 비가 오면 수분을 흡수하여 무거워지므로 선수가 공을 찰 때 고통을 느끼게 된다. 이로 인해 1986년 멕시코 월드컵의 공인구 '아스테카'부터 인조 합성가죽으로 만든 축구공이 사용되었고 날씨의 영향에서 자유롭게 되었다. 결국 소가죽으로 만든 축구공은 탄력이 부위마다 다르고 방수성이 없기 때문에 지금은 대부분 인조가죽을 사용해 축구공을 만든다.

축구공의 외피 규격에 대한 특별한 규정은 없다. 축구공의 외피 조각은 전통적으로 대개 손으로 꿰매는 봉제과정을 거쳤다. 오늘날 사용되는 대부분의 축구공에는 오각형 12조각과 육각형 20조각으로 재단된 가죽 32조각이 사용되며 1620회의 바느질을 거친다. 숙련된 노동자가 축구공 하나를 꿰매는 데는 약 3시간이 걸린다. 손바느질로 만들어진 축구공의 70~80퍼센트는 파키스탄의 시알코트에서 제조된다. 축구공은 파키스탄을 비롯한 제3세계에서 가내 수공업으로 만들어지는데, 그 과정에서 학령기의 아동이 축구공 생산에 종사하는 문제가 발생했다. 이 문제는 1990년대 중반에서야 국제적으로 알려졌다. 국제축구연맹은 1998년 월드컵부터 아동 노동으로 만들어진 손바느질 축구공을 사용하지 않기로 결정했다. 그러나 1998년 프랑스 월드컵 공인구 '트리콜로'가 아동 노동에 의해 생산된 사실이 밝혀졌다. 게다가 2002년 한일 월드컵의 공인구였던 '피버노바'의 외피 역시 100퍼센트 수작업을 통해 생산되었다.

2006년 독일 월드컵에 이르러서야 공인구는 더 이상 손바느질로 만들어지지 않았다. 가장 최근의 월드컵 공인구인 브라주카도 손으로 꿰매지 않았다. 프로 축구 선수가 사용하는 축구공의 외피 조각은 대개 기계로 열과 압력에 의해 접합된다. 전혀 꿰매지 않기 때문에 각 외피 조각의 가장자리를 펼치기 위해 고정시킬 필요가 없다.

마지막으로 월드컵 공인구를 테스트하는 과정은 매우 중요하다. 축구공은 월드컵 경기에 사용하기 적절한지 꼼꼼한 테스트 과정을 거친다. 먼저 실험실 테스트 과정을 거쳐 적합하다는 평가를 받아야 국제축구연맹 품질보증 마크를 붙일 수 있다. 브라주카 역시 이를 만든 아디다스의 가장 엄격한 검증을 받은 축구공이다. 축구 클럽 바이에른 뮌헨과 AC 밀란, 축구 선수 리오넬 메시와 이케르 카시야스 등이 검증 과정에 참여했고 무려 2년 반 동안 테스트가 실시되었다. 일단 이러한 모든 검증이 완료되고 테스트에 참여한 축구 선수가 만족하게 되면 그 축구공은 대량으로 배를 통해 운송된다. 전 세계 소매업자에게 전해지는 동시에, 일부 운 좋은 축구공은 브라질의 12개 경기장에서 63개 게임에 사

라텍스(고무 튜브)로 만든 내피
주머니에 공기를 채운다.

내피에 접착제를 바른 후, 내구력,
구조, 탄력을 추가하기 위해
폴리에스테르와 면화로 구성된 4겹
이상의 안감(부직포)을 덧댄다.

브라질 월드컵
공인구 '브라주카'를
만드는 과정

완성된 축구공은 운송을 위해
박스에 포장을 한다.

인조가죽으로 만든 외피 조각이
재단되어 컨베이어벨트를 따라
운반되면 이를 수합한다.

내피에 6개의 외피 조각을 손으로
덧붙인 후, 기계를 이용하여 열로
접합한다.

완성된 축구공의 품질, 규격(무게와
둘레)을 검사한다.

용되기 위해 운송된다.

월드컵이든 국내외 축구 경기든 좋아하는 팀을 응원할 때, 그 경기장의 이름 없는 영웅, 축구공과 축구공을 만든 사람들을 한번쯤 생각해 보는 시간을 가지는 것은 어떨까?

누군가에게 축구공은
악몽이다!

수제 축구공의 메카, 파키스탄의 시알코트

프로선수가 사용하는 축구공은 거의 기계가 만든다고 해도 과언이 아니지만 평범한 사람들이 사용하는 많은 축구공은 여전히 손바느질을 통해 만든다. 손바느질로 만든 축구공은 오랜 경험과 노하우를 가진 숙련 노동자를 필요로 한다.

현재 축구공의 주요 생산국은 파키스탄, 인도, 한국, 모로코, 태국 등이다. 그중에서도 파키스탄의 펀자브 지방 북동쪽에 위치한 시알코트는 전 세계 수제 축구공의 70퍼센트 이상을, 그리고 전체 축구공의 40퍼센트 이상을 생산한다. 시알코트는 인도와 영토 분쟁을 빚고 있는 카시미르 가까이에 위치한다. 딱히 축구와 관계가 없을 것 같은 파키스탄은 어떻게 수제 축구공 생산의 메카가 되었을까?

파키스탄 시알코트 지방은 옛날부터 카펫 생산지로 유명해 기술자의 손재주가 좋은 데다 영국 식민지 시절이었던 19세기 말부터 영국인이 쓰던 축구, 크리켓, 테니스 용품을 수리해 주던 것이 산업으로 발전했다. 물론 싼 임금도 외국 기업에는 큰 매력이다. 시알코트에는 여러 가지 공을 만드는 공장이 70여 개나 되고 30만 명이 관련 업계에 종사한다. 이곳에서는 매년 6000만 개 이상의 축구공이 생산된다. 다른 산업 역시 발달해 스포츠 의류, 외과 수술 도구, 가죽 재킷과 총도 생산한다. 시알코트 교외에 '포워드 스포츠 공장Forward Sports Factory'이 있는데, 여기서는 매일 1만 8000개의 우수한 아디다스 축구공이 수제작된다. 축구공 생산은 이곳에서 실제로 거대한 비즈니스다.

파키스탄의 수제 축구공은 1982년 처음으로 스페인 월드컵 공인구 '탱고 에스파냐'로 지정되었으며, 계속해서 월드컵 공식구로 사용될 만큼 높은 명성을 유지하고 있다. 현재 시알코트에는 약 3만 5000명의 노동자가 축구공을 꿰매는 일을 하고 있다. 파키스탄의 축구공은 유럽, 미국, 일본 시장에 수출된다. 그러나 수제 축구공 가격은 150달러로 고가인 반면, 중국 등에서 기계로 생산한 축구공은 25달러로 저렴하다. 그로인해 파키스탄 축구공은 가격에 밀려 수요가 점차 감소하는 등 사면초가 상태다. 더욱이 2006년 독일 월드컵 공인구부터는 더 이상 손이 아닌 기계로 만들어졌고, 이제 월드컵 공인구는 주로 중국을 비롯한 동남아시아에 산재한 공장에서 만들어진다.

파키스탄 시알코트는 세계 수제 축구공 생산의 메카이지만, 아이러니하게도 파키스탄 축구공 산업이 경쟁에서 살아남기 위해서는 생산시설의 자동화가 시급한 실정이다.

누가 승리자이고 누가 패배자인가
선진국의 다국적기업은 제3세계 국가의 공장에서 축구공을 생산한다.

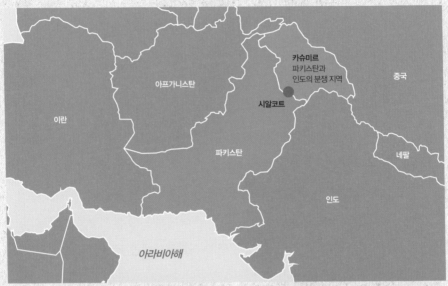

수제 축구공의 주요 생산지인 파키스탄의 시알코트와 노동자들

다국적기업은 맨체스터 유나이티드와 같은 축구 클럽이나 스포츠 대리점에 축구공을 판다. 축구공 생산에 드는 비용을 절감할수록 더 많은 이윤이 남기 때문이다. 따라서 다국적기업은 원료비와 노동비가 저렴한 곳에 생산 공장을 설립한다. 파키스탄 시알코트가 가장 대표적이다. 시알코트에 공장을 소유하고 있는 선진국의 다국적기업은 값싼 노동자를 찾는다. 만약 노동자가 더 높은 임금을 요구한다면 기업은 더 저렴한 임금으로 일할 노동자를 찾는다. 노동자는 당장 일이 필요하기 때문에 자신이 다니는 공장을 그만둘 수 없다. 만약 그들이 일자리를 잃는다면 생계를 유지하지 못할 것이기 때문이다. 다국적기업은 행복하지만, 노동자는 그렇지 못하다. 이는 비단 축구공뿐만 아니라 축구 유니폼, 신발 등 다른 스포츠 용품도 마찬가지다. 이와 같이 축구공은 잔인한 상품사슬을 따라 생산되고 이동된다.

영국 프리미어리그에서 활약하는 어떤 축구 선수는 일주일에 2500만 원을 번다. 유명한 축구 선수는 이보다 더 번다. 데이비드 베컴의 경우 일당으로 2000만 원을 받기도 했다. 파키스탄 시알코트의 노동자는 얼마나 오랫동안 일해야 그렇게 벌 수 있을까? 가능은 할까?

우리가 시알코트에서 만든 축구공을 50파운드(약 7만 원)에 산다고 가정해 보자. 그 돈은 과연 누구에게 돌아갈까? 영국의 다국적기업은 50파운드 중 31파운드, 즉 60퍼센트를 가져간다. 공장 소유주는 50파운드 중 5파운드, 즉 10퍼센트를 가져가게 된다. 바느질을 하는 노동자는 50파운드 중 0.5파운드, 즉 1퍼센트를 가져가게 된다. 이처럼 다국적기업이 이윤의 절반 이상을 가져간다. 노동자에게 돌아가는 몫은 겨우 1퍼센트로 너무나 미미하다.

제3세계와 아동 노동

월드컵이 시작되면 전 세계의 눈과 귀가 한곳에 집중된다. 월드컵은 페어플레이 정신을 바탕으로 어린이에게 꿈과 희망을 안겨 주는 대표적인 국제 행사이지만 그 이면에는 불편한 반전이 있다. 월드컵을 이윤 추구의 장으로만 생각하는 다국적기업이 있기 때문이다. 이들은 제

축구공 가격에 포함된 항목별 비용
단위: 파운드

- 축구공 원료 공급 회사 1.5
- 노동자 0.5
- 다른 공장 비용(전기 등) 0.5
- 시알코트 공장주 5
- 운송회사 1.5
- 합계 50
- 축구공 가게 10
- 영국 기업 31

3세계와 아시아의 노동자를 착취하고 심지어 5~6세 어린이의 노동력까지 이용해 이윤을 취한다. 이러한 어린이는 축구공 한번 가져본 적 없고, 평생 경기장 한번 가 보지 못한 채로 하루 종일 바느질을 한다. 그들의 꿈은 아마도 세상의 다른 어린이처럼 공을 차며 뛰노는 것이리라.

세계화가 진전된 이후 다국적기업이 개발도상국의 어린이 노동을 이용하는 사례는 계속해서 증가했다. 1996년 6월 《라이프》에 나이키 로고가 선명하게 찍힌 축구공을 바느질하는 파키스탄의 12세 소년 타크리의 사진이 실렸다. 그러자 국제노동단체, 전 세계 시민단체, 그리고 소비자가 나이키 불매운동에 나섰고 나이키의 주가는 폭락했다. 그리하여 나이키는 노동 착취를 하지 않겠다는 기업윤리 규범을 만들고 이를 나이키 본사뿐 아니라 하청업체도 준수하도록 만들겠다는 의지를 밝혔다. 급기야 2006년 세계적인 스포츠 브랜드 나이키는 자사에 수제 축구공을 공급하던 파키스탄의 사가스포츠와 계약 종료를 선언했다. 아동 노

동 때문이었다.

1996년 국제축구연맹은 라이센싱으로 생산되는 축구공 및 용품과 관련하여 일정한 노동 기준을 채택했다. 1999년에는 "강요되거나 구속된 노동 혹은 아동 노동으로 생산된 축구공을 생산하지 않겠다"고 공식 선언하기도 했다.

이처럼 파키스탄 시알코트 지방은 15세 미만의 '아동 노동'으로 국제적 비난을 받았다. 이에 세계 주요 스포츠 용품 회사는 시알코트 상공회의소 주도로 '애틀랜타 협정'을 맺어 아동의 노동력을 착취하지 않겠다는 각서를 제출하였다. 그 결과 현재 시알코트의 많은 어린이는 학교에 다니게 되었고 아동 노동에서 해방되었다. 그렇다고 이곳에서 아동 노동이 완전히 근절된 것은 아니다. 현재 이 협정은 잘 지켜지지 않고 있다. 왜냐하면 세계적인 스포츠 기업은 축구공을 직접 제조하지 않고 파키스탄의 중소기업에 축구공 제작을 맡기는데, 이들 중소기업이 알게 모르게 아동을 고용해 축구공을 만들기 때문이다. 게다가 축구공을 만드는 공장에서 쫓겨난 아동은 생활고로 다시 카펫을 만드는 공장에서 일하는 경우가 많다. 아직도 파키스탄의 15세 미만 어린이 중 무려 10퍼센트가 부모의 강요 등에 의해 노동을 하고 있는 것으로 나타났다.

현재와 같은 자유무역 시장에서 노동자는 영원한 패배자일 수밖에

공정무역 마크가 부착된 축구공

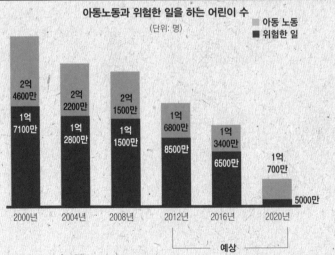

아동노동과 위험한 일을 하는 어린이 수
(단위: 명)

아동 노동
위험한 일

연도	아동 노동	위험한 일
2000년	2억 4600만	1억 7100만
2004년	2억 2200만	1억 2800만
2008년	2억 1500만	1억 1500만
2012년	1억 6800만	8500만
2016년	1억 3400만	6500만
2020년	1억 700만	5000만

예상 (2012년~2020년)

없다. 축구공은 누구에게나 둥글지만, 누구에게나 공정하지는 않다. 그리하여 축구공의 생산과 소비에 있어서도 공정무역 캠페인이 펼쳐진다.

테니스공이 윔블던 코트에 오기까지

테니스 코트만큼이나 다른 테니스 공

세계에는 그랜드슬램이라 불리는 4개의 오픈 테니스 대회가 있다. 그것은 바로 윔블던, 미국 오픈, 프랑스 오픈, 호주 오픈이다. 4대 테니스 대회로 불리는 이 경기는 치러지는 환경에 있어 큰 차이를 보인다. 미국 오픈과 호주 오픈은 아크릴계 수지와 그 아래 고무 패드층으로 이루어진 딱딱한 하드 코트를 사용한다. 최초의 테니스 대회가 열렸던 윔블던 오픈에서는 잔디 코트를 사용하지만, 프랑스 오픈은 4개 대회 중 유일하게 적토가 깔린 클레이 코트를 사용한다. 이러한 테니스 코트는 외관만 다른 것이 아니라 선수가 경기를 치르는 데도 지대한 영향을 미친다.

세계 4대 테니스 대회에 사용되는 공식구도 제각각이다. 공식구는 각기 다른 제조사에서 만들어진다. 제조사는 메이저 대회 때 쓰는 공을 따로 만드는데, 펠트(테니스공 맨 바깥쪽 모직 부분) 재질을 사용하거나 공기압을 각기 다르게 하여 프로 선수의 강한 파워에도 공이 상하지 않도록 한다. 특히 그랜드슬램에 쓰이는 공인구에는 TV 중계 때 잘 보이도록 형광 물질을 바르기도 한다. 미국 오픈과 호주 오픈 공인구는 윌슨Wilson 제품이지만, 윔블던은 반발력이 좀 덜한 슬레진저Slazenger 제품

테니스공은 원래 하얀색이었다?

국제테니스연맹ITF의 공인구는 원래 하얀색이었다. 흑백 TV에서는 하얀색이 두드러져 잘 보였기 때문이다. 1960년대 후반에 지금처럼 노란색 혹은 연두색 테니스공이 만들어지기 시작했는데, 컬러 TV가 보급되면서 TV 중계 때 잘 보이도록 하기 위해서였다. 하얀색 테니스공은 경기 중에 쉽게 더러워지기 때문에 시간이 지나면 잘 보이지 않는다. 그뿐만 아니라, 원래 하얀색은 착시 현상을 일으킬 수 있는 색깔이라, 선수의 거리 감각에도 방해가 되었다. 그리하여 그랜드슬램 대회 중 1977년 호주 오픈에서 가장 먼저 노란색 공을 사용하기 시작했으며, 전통을 중요하게 여기는 윔블던은 하얀색 테니스공을 계속 쓰다가 1986년에야 노란색 공으로 바꿨다. 윔블던에서는 노란색 테니스공을 사용하지만, 아직도 복장과 신발은 흰색으로 통일해야 한다.

을 사용한다. 그리고 프랑스 오픈 공인구는 바볼랏Babolat에서 만드는데, 공 표면에 롤랑 가로스라고 표기한다.

던롭 슬레진저 테니스공의 상품사슬

윔블던이 열리는 2주 동안 선수 560명은 4만 8000개의 테니스공을 사용한다. 하지만 경기장을 시속 약 130마일 속도로 오가는, 저 노란색 펠트로 덮인 공이 어떻게 이 곳에 오게 됐는지는 거의 알지 못한다. 윔블던에서 사용되는 공식구는 다국적기업 던롭 슬레진저Dunlop Slanzenger에서 만든다. 슬레진저는 1902년부터 100년 이상 윔블던에 공식구를 공급하고 있다. 윔블던 공식구는 윔블던에서 약 240킬로미터 떨어진 공업 도시인 잉글랜드 반슬리Barnsley에서 생산되었다. 반슬리 공장에서 테니스공을 만든 노동자 대부분은 여성이었다. 그들에게 테니스공은 반복적인 고된 노동의 결과물이었다. 그러나 애증의 반슬리 공장 역시

2004년에 폐쇄되었다. 수지타산
이 맞지 않자, 던롭 슬레진저는 값
싼 노동력을 좇아 생산 시설을 필
리핀 바탄Bataan으로 이전했다.

바탄은 필리핀의 4개 경제자유
구역 중 하나다. 바탄의 던롭 슬레
진저 공장 밖은 일자리를 구하려
는 사람으로 늘 붐빈다. 그러나 이
공장을 제외하면 바탄 경제자유구
역은 금방이라도 무너질 것 같은

던롭 슬레진저는 1902년부터 2015년까지
무려 113년 동안 윔블던에 공식구를
공급해왔다.

분위기다. 다른 다국적기업들이 훨씬 더 저렴한 노동력을 제공하는 중
국으로 공장을 이전하고 있기 때문이다.

윔블던 테니스공을 만드는 데 필요한 모든 원료가 필리핀 바탄 공장
에 도착하면, 노동자들은 테니스공을 만들고, 그 후 테니스공은 윔블던
으로 운송된다.

사실 윔블던에 사용되는 슬레진저 테니스공은 1세기 넘는 동안 영국
의 슬레진저 반슬리 공장에서 생산되어 윔블던 센터 코트까지 짧은 거
리를 이동한 후 사용되었다. 그러나 최근 영국 워윅 경영대학의 마크 존
슨 교수가 윔블던 테니스공 하나에 들어가는 각각의 원료가 이동한 거
리를 합산해 봤더니 무려 8만 킬로미터가 넘었다. 즉, 원료가 생산 공장
이 있는 필리핀 바탄으로 이동하고, 완성된 테니스공이 윔블던 구장으
로 이동하는 동안 총 8만 킬로미터가 넘는 거리를 여행한다는 뜻이다.
존슨 교수는 "이것은 내가 본 한 상품의 여행 중 가장 긴 여행이다"라고

말했다.

　필리핀 바탄에서 슬레진저 테니스공이 만들어지기 위해서는 4개 대륙(북미, 유럽, 아시아, 오세아니아)의 11개 국가에서 원료가 날아들고, 그 후 완성된 테니스공은 바탄에서 윔블던 구장까지 다시 1만 킬로미터 이상을 여행한다. 하나의 테니스공이 만들어지는 데 이토록 복잡한 상품사슬이 엮여 있는 것이다.

　아래 윔블던 공식구의 상품사슬을 보면 미국 사우스캐롤라이나의 점토, 그리스의 실리카(이산화규소), 일본의 탄산마그네슘, 태국의 산화아연, 한국의 황, 말레이시아의 고무가 배를 통해 필리핀 바탄으로 운반된다

윔블던 테니스공에 사용되는 원료와 그 상품사슬

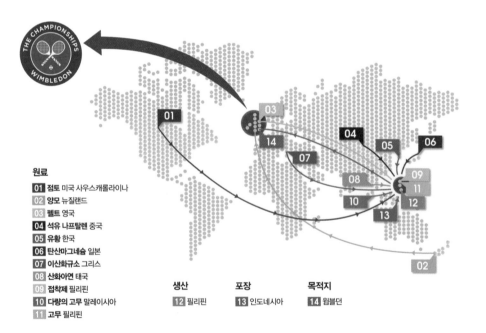

원료

01 **점토** 미국 사우스캐롤라이나
02 **양모** 뉴질랜드
03 **펠트** 영국
04 **석유 나프탈렌** 중국
05 **유황** 한국
06 **탄산마그네슘** 일본
07 **이산화규소** 그리스
08 **산화아연** 태국
09 **접착제** 필리핀
10 **다량의 고무** 말레이시아
11 **고무** 필리핀

생산
12 필리핀

포장
13 인도네시아

목적지
14 윔블던

는 것을 알 수 있다. 양모는 뉴질랜드로부터 영국의 글로스터셔 주에 있는 스트라우드로 운송되어 펠트로 직조된 다음, 다시 비행기를 통해 바탄으로 운송된다. 중국 쯔보의 석유나프탈렌과 필리핀의 바실란에서 만든 접착제 역시 바탄으로 운반되며, 슬레진저 공장에서 최종적으로 테니스공이 제조된다. 마지막으로 테니스공을 담는 원형 통이 인도네시아에서 바탄으로 운송되어 오면, 거기에 테니스공을 담아 포장한 후 윔블던으로 보내진다. 테스트를 통과한 공은 윔블던 대회에 보급된다.

얼핏 보면 테니스공을 만들기 위해 각종 원료가 8만 킬로미터 이상을 여행하는 것이 엄청난 낭비 같지만, 11개 나라에서 총 14번의 공정을 거치는 이 방법이 생산 단가를 낮추는 데 최적화된 방법이다.

슬레진저는 윔블던 테니스공을 만들기 위해 매우 낮은 가격으로 생산된 원료뿐만 아니라 매우 저렴한 필리핀의 노동력을 동시에 활용하고 있다. 이 과정에서 비용은 최소화했지만 거대한 생태발자국*이 남게 되고 환경 비용도 증가한다. 문제는 기업이 그들의 환경적 영향에 대해 실제적 비용을 지불하는지 않는다는 것이다.

테니스공 생산에 감추어진 불편한 진실

슬레진저의 입장에서 생산 단가를 낮춰 값싼 제품을 공급하는 것은 의미 있는 일이다. 하지만 다 합쳐 8만 킬로미터라는 어마어마한 거리를 오고가며 지구의 환경에 미치는 부담은 가격에 반영되지 않는다. 정부

● 사람이 사는 동안 자연에 남긴 영향을 토지 면적으로 환산한 수치다. 수치가 클수록 지구에 해를 많이 끼친다는 의미다.

테니스공 내피를 만드는 데 사용되는
원료(점토, 실리카, 탄산마그네슘,
산화아연, 고무 등)를 준비한다.

믹서에 고무 덩어리, 점토, 각종
화학약품 등을 넣어 내피의 원료를
만든다.

완제품이 테니스 경기장 및 스포츠
용품점 등으로 운송된다.

완성된 테니스공의 펠트에 붙은
보푸라기를 작은 가위로 손질한다.

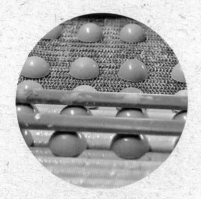

내피를 구성하는 반원 모양의 고무가
컨베이어벨트로 운반된다.

두 개의 반원 모양 고무를 접착제로
붙여 원형으로 만든다.

윔블던
테니스공이
만들어지는
과정

양모를 사용하여 외피를 구성하는
노란색 펠트를 직조한다.

내피의 고무공에 접착제를 바르고 타원형
외피 두 조각을 기계로 압착해 붙인다.

펠트를 타원형 조각으로 잘라 층층이
쌓은 후 테두리에 고무를 입힌다.

는 기업에 환경문제에 대한 적절한 부담을 지움으로써 눈덩이처럼 불어나는 사회적 비용을 해결할 수 있어야 한다.

　문제는 이것만이 아니다. 필리핀 바탄의 공장에서 일하는 노동자의 삶은 처참하다. 공장 내부는 거대한 기계가 내뿜는 소음과 인체에 유해한 물질로 가득 차 있다. 노동자는 몇 분마다 거대한 믹서의 뚜껑을 열어 고무 덩어리와 점토 그리고 화학 약품을 믹서 속으로 던져 넣는다. 숨을 쉬기 어려울 정도로 먼지가 얼굴에 잔뜩 쌓여서 노동자는 모두 마스크를 쓰고 일한다. 엄청난 유해 물질로부터 자신을 보호하기 위한 방편이다. 노동자의 바로 옆 기계에서는 공작용 점토처럼 생긴 거대한 핑크 고무가 방출된다. 이곳에서 일하는 노동자는 대개 3교대 근무를 한다. 슬레진저 공장의 임금 수준은 하루에 1만 원, 즉 시간당 약 1600원을 받는다. 바탄에 있는 다른 공장에서 일하는 노동자와 마찬가지로, 던롭 슬레진저에서 일하는 노동자도 바탄 출신은 아니다. 이들은 대부분 농촌 지역에서 경제자유구역인 이곳 바탄으로 일자리를 구하러 온 것이다. 열악한 기숙사에서 생활하며 번 돈의 대부분은 고향 집으로 보낸다. 가족이 있는 사람은 주변에 방을 임대해 살며, 번 돈의 많은 부분을 집세로 낸다.

야구공이
메이저리그 구장에 오기까지

야구공은 코르크 심cork ball에 고무 층을 둘러 만든 코어에 실을 감고

2장의 흰색 소가죽을 입혀 붉은 실로 꿰매면 완성된다. 꿰매는 횟수는 약 216번, 이 과정에서 공 밖으로 드러난 솔기는 108개다. 타자가 잘 볼 수 있도록 야구공의 실밥은 빨간색으로 한다. 야구공의 붉은 실밥이 없다면 짜릿한 홈런도, 현란한 변화구도, 불같은 광속구도 기대하기 어렵다.

야구공에서 가장 중요한 소재는 코어와 가죽 그리고 양모다. 코어는 야구공의 중심 역할을 담당한다. 동시에 반발력에 큰 영향을 준다. 그러나 생산 원가에서 코어가 차지하는 비중은 낮다. 가죽은 코어처럼 야구공 반발력엔 큰 영향을 주지 않는다. 그러나 야구공 원가의 40퍼센트를 차지할 만큼 가격 비중이 높다. 마지막으로 양모는 가죽 다음으로 가격 비중이 높다지만 야구공 안에 꼭꼭 숨겨져 있어 육안이나 촉감으로 확인할 수 없다.

야구공 역시 다른 여느 공과 마찬가지로 완전히 기계화하기 어렵다. 마지막 공정에 해당되는, 가죽을 붉은 실로 꿰매는 작업이 특히 그렇다. 그래서 야구공을 만드는 기업은 선진국에 있는 반면, 해당 공장은 인건비가 저렴한 개발도상국에 위치한다.

미국 메이저리그는 하나의 제조사에서 만든 공만을 사용하는데, 이 공인구를 제공하는 업체는 바로 미국 기업 롤링스Rawlings다. 롤링스는 1978년부터 메이저리그 공인구를 제작하고 있는데, 제조 원가를 낮추기 위해 공장은 인건비가 저렴하고 지리적으로 인접한 중앙아메리카의 코스타리카에 두었다. 롤링스가 만드는 메이저리그 공인구의 상품사슬은 다소 간단하다. 미국의 세 지역에 기반을 둔 서로 다른 회사에서 서로 다른 원료를 코스타리카에 있는 롤링스 공장에 제공한다. 그 후 코스타리카 롤링스 공장에서는 저렴한 노동력을 활용하여 야구공을 만든다.

먼저, 미국의 버몬트 주 윈저카운티의 러들로에 위치한 디앤티 스피닝 회사D&T Spinning Inc에서는 야구공 중심부를 감는 실끈과 양모를 제공한다. 이 회사는 이를 통해 이 지역 경제의 활성화에 도움을 준다. 다음으로, 미국 테네시 주 털러호마에 있는 테네시 트레이닝 회사 Tennessee Training Company에서는 야구공 표면의 소가죽을 생산한다. 이 작은 회사가 메이저리그에 사용되는 야구공에 쓰일 모든 소가죽을 제공한다. 당연히 이 기업 역시 이 지역 경제 활성화에 크게 이바지하고 있다. 그러나 소가죽을 사용하는 만큼 동물 학대 문제는 피할 수 없다. 마지막으로 미국 미시시피 주의 베이츠빌에 있는 머슬 숄즈 러버 회사 Muscle Shoals Rubber Company에서는 야구공의 핵심 부분인 고무로 둘러싸인 코르크 심을 생산한다. 고무를 만드는 과정 역시 환경에 매우 유해하다.

이들 세 지역에 각각 기반을 둔 기업이 제공한 원료는 코스타리카의 투리알바라는 작은 도시에 위치한 롤링스 공장으로 운반되고, 여기서는 값싸고 풍부한 노동력을 활용하여 야구공을 만드는 일체의 공정이 진행된다.

여러 공정 중에서도 특히 붉은 실밥을 꿰매는 작업은 많은 노동력을 필요로 한다. 작은 의자에 앉아 꼼짝도 못하고 야구공의 외피 가죽을 붉은 실로 꿰매는 작업은 그야말로 고역이다. 지금은 어느 정도 개선되었다고 하지만, 여기서 일하는 노동자는 노동력을 착취당하고 인권을 박탈당하기도 한다. 이들은 야구공 한 개를 만들면서 25센트밖에 벌지 못하지만, 그 공은 미국에서 약 15달러에 판매된다. 이렇게 완성된 야구공

코스타리카의 롤링스 공장

완성된 야구공의 품질과 규격을
검사한다.

야구공이
만들어지는
과정

내피에 외피를 입혀 양쪽을 고정시킨 후, 작은 의자에 앉아
바늘과 빨간 실을 사용하여 한땀한땀 손으로 꿰멘다.

코르크 심 외부를 둘러쌀 고무를
재단한다.

코르크 심에 고무를 입힌,
야구공의 핵심 부분인
코어가 완성된다.

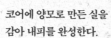

코어에 양모로 만든 실을
감아 내피를 완성한다.

코르크 심과 고무 그리고 실로 감은
내피에 2개의 외피를 덧댄다.

야구공의 외피를 이루는 쇠가죽을
오뚜기 모양으로 자른 후 수합하여
무게를 잰다.

은 다시 미국 미주리 주의 스프링필드로 운송된다. 테스트를 받기 위해서다. 테스트 후 이상이 없는 야구공은 미국 전역의 메이저리그 야구장으로 운송된다. 스프링필드는 미국의 중앙부에 위치하기 때문에 테스트 및 물류 센터가 이곳에 있으면 운송비가 보다 저렴해진다.

야구공은 의외로 짧은 인생을 산다. 야구 경기에서 한 번 사용한 야구공은 재사용되지 않기 때문이다. 우리가 텔레비전으로 야구 중계를 보거나 야구장에서 화려한 선수의 플레이에 열광하는 사이, 야구공은 짧은 수명을 다하는 것이다. 물론 이 야구공에 드는 비용의 일부는 텔레비전 시청료나 야구장 입장권에 포함되어 있다.

커피,
지리는
향기를 싣고
가난을 싣고

여섯 번째

"지옥만큼 어둡고 죽음만큼 강하고 사랑만큼 달콤하다."

_에티오피아 하라르산 커피에 관한 속담

커피, 세계인의
데일리 음료

커피는 전 세계에서 물 다음으로 많이 소비되는 음료다. 가히 세계인이 가장 사랑하는 음료라고 할 만하다. 그렇다면 우리는 왜 커피의 유혹에 빠져드는 걸까? 커피는 고유한 향뿐만 아니라 특유의 자극적인 맛으로 수많은 사람들의 입을 즐겁게 한다. 커피를 하루라도 마시지 못하면 불편함을 느끼는 사람이 점점 늘고 있다. 이로 인하여 커피의 세계적인 경제 효과 또한 막대하다. 그 맛도 맛이려니와 커피전문점과 같이 커피를 소비하는 공간은 세계화를 상징하는 도시경관으로서 이목을 끈다. 특히 우리나라 커피 산업은 가히 폭발적으로 성장 중이다. 커피전문점 스타벅스는 서울에만 약 370여 개 매장이 있는데(2016년 기준), 지금도 계속 새로운 매장이 전국적으로 오픈되고 있어 세계화 시대의 낯익은 풍경이 되었다.

마트에 진열된 다양한 커피 제품들

스타벅스, 파스쿠치 등 세계적인 브랜드의 커피전문점뿐만 아니라 카페베네, 엔제리너스 등과 같은 토종 브랜드 커피전문점도 생겨나 전통찻집, 일반 카페는 갈수록 설 자리를 잃고 있다. 브랜드 커피전문점들은 다양한 차별화 전략을 펼치며 고객을 유치하기 위해 서로 경쟁한다. 서로 다른 커피의 향과 맛뿐만 아니라, 가격의 차별화 그리고 색다른 분위기를 제공함으로써 다양한 계층의 사람을 끌어모으는 것이다.

커피를 마시는 장소는 다양하다. 우리는 집, 사무실, 커피전문점, 그리고 거리나 공원에서 다양한 커피를 소비한다. 커피전문점은 단순히 커피를 판매하는 공간이 아니라, 커피의 맛과 향 그리고 세련된 인테리어를 통해 아늑함까지 제공하는 장소가 되었다. 커피를 마시며 대화를 나누기 위해 잠시 머무는 공간에서 때론 집처럼 때론 학교와 회사처럼 휴식, 공부, 일이 가능한 복합적인 공간으로 탈바꿈한 것이다.

커피의 종류도 다양해졌다. 여러 가지 인스턴트커피(분말 커피, 자판기용 커피, 병이나 패트병에 든 커피)가 출시되고 있고, 커피전문점 역시 늘어난 고객의 취향을 만족시키기 위해 더욱 다양한 메뉴를 제공하고 있다. 에스프레소, 아메리카노, 카페라떼, 카푸치노, 카페모카 등과 같은 메뉴 이름은 이제 우리에게 너무도 친숙하다. 그야말로 커피가 우리의 일상을 소리 없이 조용히 지배하고 있는 셈이다.

이슬람의 음료,
유럽을 사로잡다

커피는 9세기경부터 아프리카 동부에 위치한 에티오피아의 고산지역
에서 재배되기 시작한 것으로 전해진다. 에티오피아에서 발견된 커피는
15세기 즈음 서남아시아 예멘을 거쳐 이슬람 지역에 전파되었다. 그리
고 17세기에는 아랍의 순례자를 통해 유럽 전역으로 퍼져 나갔다. 커피
가 지리적으로 확산된 것은 서구 제국주의 확장과 제3세계(특히 중남미와
동남아시아)에서 실시된 커피 플랜테이션과 밀접한 관련이 있다. 중남미
와 동남아시아 등 세계 여러 지역에서 커피를 생산하게 되면서 커피의
확산 속도는 더욱 빨라졌다. 한마디로 커피는 아프리카 동부의 에티오

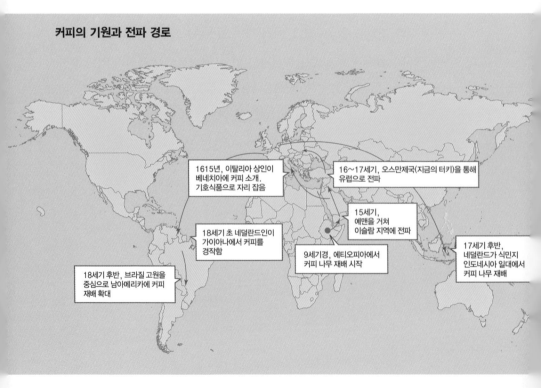

커피의 기원과 전파 경로

- 1615년, 이탈리아 상인이 베네치아에 커피 소개. 기호식품으로 자리 잡음
- 16~17세기, 오스만제국(지금의 터키)을 통해 유럽으로 전파
- 15세기, 예멘을 거쳐 이슬람 지역에 전파
- 18세기 초 네덜란드인이 가이아나에서 커피를 경작함
- 9세기경, 에티오피아에서 커피 나무 재배 시작
- 17세기 후반, 네덜란드가 식민지 인도네시아 일대에서 커피 나무 재배
- 18세기 후반, 브라질 고원을 중심으로 남아메리카에 커피 재배 확대

피아에서 태어나 아랍으로 건너갔고, 유럽의 제국주의와 함께 중남미와 동남아시아 등지로 전파되었다.

커피, 이슬람의 음료가 되다

에티오피아에서 커피가 처음으로 확산된 데는 이슬람교의 영향이 매우 컸다. 현재의 서남아시아 지역인 아라비아의 메카에서 7세기에 발흥한 이슬람교가 지리적으로 근접한 아프리카 동부의 에티오피아까지 확산되면서 에티오피아 커피는 상인들을 통해 홍해를 건너 아라비아 예멘으로 전해져 재배되기 시작했다. 커피가 이슬람의 음료가 된 것은 원산지인 에티오피아가 이슬람 문화권과 지리적으로 가깝기 때문이었다.

에티오피아에서는 커피나무가 야생으로 자랐던 데 반해 예멘에서는 커피나무를 경작하기 시작했다. 예멘 사람들은 커피를 그냥 먹는 것이 아니라, 생두를 볶아서 나온 원두를 갈아 물을 넣고 끓여 마셨다. 에티오피아에서 커피가 음식 대용이었다면, 이슬람 문화권에서 커피는 비로소 음료로 널리 애용되어 전 세계로 퍼지기 시작했다.

이슬람 사람들은 커피를 일컬어 '잠을 쫓다'를 의미하는 아랍어 '가하와Quahweh'라고도 했다. 철야 기도와 명상을 많이 하는 이슬람 수도사들에게 각성 효과가 있는 커피는 졸음을 쫓는 데 효과적이었기 때문에 커피의 인기는 더욱 높아져 갔다. 그러다가 13세기 무렵 아랍 지역에서 커피가 더 이상 사원에만 머무르지 않고 일반 대중에까지 파고들어 '카베 카네Kaveh Kane'라는 아랍식 커피하우스가 생겨나기도 했다.

16세기 말까지만 하더라도 커피는 에티오피아와 아라비아 예멘 지역에서만 재배되었다. 당시 아랍인들은 커피 종자 유출을 막기 위해 모

커피가 처음 재배된 '커피의 나라' 예멘. 유럽의 커피는
모두 예멘의 모카 항으로부터 수입되었다.

커피 원산지 논란의 종결, 에티오피아

모든 게 그렇듯, 커피의 최초 원산지가 어디인가에 대한 설 역시 분분하다. 그러나 아프리카 동부에 위치하고 당시에는 아비시니아라 불렸던 에티오피아의 고원지대가 커피 원산지라는 데는 큰 이견이 없다. 에티오피아 북부에 지금도 '카파Kaffa'라는 지명이 남아 있는데, 이를 '커피'의 어원으로 보는 견해가 우세하다. 카파는 '힘'이라는 뜻이며, 아라비아의 'quahweh(가하와)', 터키의 'kqhve(카베)'를 거쳐 프랑스의 'cafe', 영미의 'coffee'로 굳어졌다고 한다.

에티오피아 고원의 카파 지역에서 최초로 발견된 커피에 대해서는 우리에게도 익숙한 전설이 있다. 8~9세기 무렵 열 살 정도 된 칼디Kaldi라는 목동이 언덕에 염소를 풀어 놓았다. 오후 늦게 염소를 다시 데려오려고 갔더니 염소가 흥분해서 이리저리 날뛰고 있었다는 이야기다. 염소가 이름 모를 빨간 열매를 먹고서 그렇게 된 것을 알고 칼디도 그 열매를 따먹어 봤는데, 기분이 좋아지고 힘도 솟았다. 칼디는 이 열매를 집에 가지고 와서 마을에 있던 이슬람 사원의 수도승에게 보여 주었는데 수도승도 그 열매를 먹어 보고 효능을 인정했다고 한다. 이 이야기가 사실이든 아니든 9세기경 에티오피아에서 발견된 커피는 11~12세기경 아랍 상인에 의해 홍해를 건너 서남아시아의 예멘 지역으로 전파되었고 15세기경부터 본격적으로 재배되기 시작했다.

든 커피는 볶은 상태에서 수출하게 했다. 우리가 흔히 말하는 '로스팅roasting'의 시작인 셈이다. 이를 계기로 커피는 전 세계로 퍼져 나갈 수 있었다. 커피 수출량은 점점 늘어났고, 커피를 수출하는 예멘의 항구 이름인 '모카'는 아예 '커피'라는 뜻으로 사용되었다. 고급 커피의 대명사인 모카는 원래 아라비아 반도 남서쪽 해안을 끼고 있는 항구 도시인데, 이슬람 성지 메카(사우디아라비아의 서남부에 위치)로 가는 마지막 지점이었기 때문에 이곳을 거쳐 커피가 아랍과 유럽 각지로 전파되었다. 이후 커피는 17세기 무렵 유럽으로 전해져 근대 도시 문화의 상징이 되었다.

커피, 이슬람의 음료에서 기독교의 음료로

이슬람교도들이 이슬람 성지로 추앙받는 메카를 순례하러 왔다가 커피를 접하고는 자신의 나라에 소개하면서 페르시아(이란 고지대를 지배했던 나라), 이집트, 시리아, 인도로 커피가 전파되었고 특히 아라비아에 인접한 페르시아에 빠르게 전파되었다. 이곳에서는 기후적 요인 때문에 커피가 재배되지는 않았지만, 커피 문화는 크게 확산되었다. 16세기 들어 오스만제국(현재의 터키)이 아라비아 지역을 통일함에 따라 커피 문화는 오스만제국으로 확산되었다. 이곳에서도 커피는 열렬히 환영받아 모든 행사와 의식 이전에 커피를 마실 정도였다. 오늘날의 커피숍과 유사한 커피하우스도 생겨났는데, 사람들은 그곳에서 커피를 마시며 기분을 전환하고 게임을 하는 한편 지식도 나누었다. 커피하우스는 인테리어가 매우 화려하고 분위기가 편안하여 훌륭한 사교 장소로 인기를 끌었다.

사람들이 모스크 사원에 가서 예배하지 않고 커피하우스에 몰려들자 이슬람 신학자는 커피를 악마의 음료라고 비난했다. 커피하우스가 사회 풍속을 문란하게 하고 정부 전복 음모를 꾸미는 장소로 오해받으면서 이슬람 법학자는 술탄 무라드 4세에게 커피하우스를 폐쇄하라고 종용하기도 했다. 한때 모든 커피하우스가 폐쇄된 적도 있으나 사람들의 커피에 대한 열정 때문에 그러한 조치는 곧 해제되었다. 커피와 커피하우스는 국가가 도저히 통제할 수 없는 대세였음이 다시 한 번 증명된 셈이었다. 이러한 탄압과 복구 과정은 그 후 유럽에서도 되풀이되었다.

1453년 오스만제국은 1000년 이상 존속한 비잔틴제국(일명, 동로마제국)을 멸망시켰고, 16~17세기에 이르러 국력과 문화 수준이 전성기를 맞았다. 전 세계 많은 사람이 터키 문물을 배우려고 터키로 몰려들었고 자연스럽게 커피를 접했다. 이슬람의 커피는 유럽과 인접한 오스만제국 그리고 기독교와 이슬람교 사이에 벌어진 십자군 전쟁을 통해 본격적으로 유럽에 알려졌다. 물론 기독교도가 적대시했던 이슬람교도의 음료가 모든 유럽인의 환영을 받았던 것은 아니었다.

오스만제국은 아라비아에서는 물론 유럽에서도 막강한 힘을 발휘했다. 1615년 이슬람 상인과 무역을 하던 이탈리아 베네치아 상인이 베네치아에 커피를 소개하면서 커피는 처음에는 약으로 인식되었다가 점차 기호 식품으로 자리를 잡았다. 이슬람을 적대시했던 가톨릭 사제는 커피를 "이교도의 음료", "악마의 음료"라고 규탄하며 교황 클레멘스 8세에게 커피를 금지해 달라고 탄원한다. 하지만 커피를 마셔 본 교황은 오히려 그 신비함에 매료되어 커피를 금지하기는커녕 칭송하게 된다. "커피야말로 진정한 가톨릭교도의 음료"라고 한 것이다. 이 덕분에 커피는

카페 플로리안. 괴테와 바이런, 나폴레옹이 드나든 유서 깊은 카페로 문화예술인들의 순례지이다.

유럽의 상류사회에 급속히 퍼졌다. 커피의 인기가 늘어감에 따라 지금의 카페와 비슷한 커피하우스가 유럽에도 많이 생겨났다. 1720년 베네치아 산마르코 광장에 문을 연 '카페 플로리안Florian'은 현존하는 가장 오래된 카페다.

유럽의 제국주의와 커피 재배지의 확산

17세기 이전까지만 하더라도 커피는 에티오피아와 아라비아 예멘 지역에서만 재배됐다. 그때까지 유럽에서 소비되는 모든 커피는 예멘의 모카항을 통해 수입되었다. 서리가 내리는 유럽의 기후 환경에서는 커피가 자랄 수 없었기 때문이다. 르네상스 시기의 유럽 지식인과 예술가가 커피의 향기와 각성 효과에 열광하면서 문예 부흥과 함께 커피의 부흥도 시작되었다. 커피 소비가 증가해 가격이 상승하면서 유럽의 국가는 아랍권 이외의 새로운 커피 생산지를 물색하게 되었다.

그러나 앞에서도 언급했듯이 당시 아랍인은 커피 종자가 외부로 유출되는 것을 막기 위해 모든 커피는 생두를 볶은 로스팅 상태에서 수출하게 했다. 유럽인은 커피 종자를 얻고자 노력했지만 번번이 실패했다. 하지만 지성이면 감천이라고, 당시 세계 무역을 주도하던 네덜란드가 18세기 초 커피 묘목을 암스테르담으로 몰래 들여오는 데 성공했다. 네덜란드는 커피 생산으로 큰돈을 벌기 위해 식민지였던 인도 남부 말라바르, 인도네시아 자바, 수마트라 섬, 남아메리카에 있는 네덜란드령 기아나에 커피 묘목을 이식하여 재배하는 데 성공했다. 이것이 바로 그 유명한 인도네시아 자바 커피의 시작이다.

유럽에 전파된 커피는 중상적 제국주의*의 영향으로 더욱 확산되었다. 커피의 상품성이 입증된 후 유럽 각국은 중남미, 아프리카, 아시아 등지에서 값싼 노동력을 이용한 플랜테이션**을 통해 커피를 대량으로 생산하여 주요 수출품으로 삼았다. 이러한 커피 생산 과정에 원주민이나 흑인 노예가 동원되었다.

18세기 후반 들어 브라질 고원을 중심으로 커피 재배 면적이 급속히 확대되면서 커피는 남미의 대표적인 상업 작물로 자리 잡게 된다. 이 시기 유럽에서는 산업혁명이 있었고, 미국에서는 북동부가 크게 성장했다. 커피 수요의 증가는 생산지의 확대를 가져왔고, 그와 더불어 수송 능력도 향상되어 원거리 수송이 가능하게 되면서 생산지는 더욱 늘어났다.

커피는 어디서 재배되는 걸까?
커피 벨트

커피는 많은 자원이나 농산물이 그렇듯 지리적으로 제한된 장소에서 재배된다. 우리는 흔히 이를 '자원의 지리적 편재성'이라고 하며, 이는 무역을 발생하게 하는 요인으로 작용한다. 커피가 주로 재배되는 지역

● 무역을 촉진하기 위해 정치적·경제적 지배권을 다른 국가의 영토로 확대시키려는 국가의 정책을 말한다.
●● 열대 지역의 풍부한 자원과 원주민의 값싼 노동력을 바탕으로 서구의 자본과 기술을 이용해, 기호품이나 공업 원료를 단일 경작하는 기업적인 농업 경영 방식이다.

을 한눈에 알아보는 데 유용한 도구는 지도다. 세계지도에 커피가 재배되는 지역을 표시한 것을 '커피 벨트coffee belt', '커피콩 벨트bean belt', '커피 존coffee zone' 등이라 부르는데 커피 벨트는 곧 기후를 반영한다. 같은 커피 벨트 내라도 고도의 차이는 커피 재배와 커피 원두의 품종에 영향을 미친다.

커피 벨트는 적도를 중심으로 남회귀선(남위 23.5°)과 북회귀선(북위 23.5°) 사이의 저위도 지역이다. 커피 벨트 안에서 적도를 중심으로 한 지역은 열대우림기후이고, 그보다 위도가 약간 높은 지역은 건기와 우기가 뚜렷한 사바나기후이다. 그리하여 커피는 흔히 사탕수수, 바나나처럼 더운 곳에서 잘 자라는 열대성 플랜테이션 작물이라는 오해를 받는다. 엄밀히 말하자면, 커피는 커피 벨트 안에서도 고도가 1000~2000미터인 지역에서 잘 자라는 작물이다. 이곳은 무역풍대에 속하여 강수량이 1500~3000밀리미터로 풍부하며, 기온은 섭씨 20도 내외의 상춘기후*에 속한다. 커피 재배에는 연중 온화한 기후, 적당량의 일조량, 강수량뿐만 아니라 다공질의 비옥한 토양 등 특수한 자연환경 조건이 요구된다.

사실 이러한 기후 조건이 요구되는 품종은 세계 커피 생산량의 70퍼센트를 차지하는 아라비카arabica이다. 나머지 30퍼센트를 차지하는 로부스타robusta는 상대적으로 고온 건조한 저지대에서도 생장이 가능하다. 로부스타는 질이 떨어져서 주로 인스턴트용 커피로 쓰인다.

● 1년 내내 우리나라의 봄이나 가을 같은 따뜻하고 쾌적한 날씨가 펼쳐지는 열대고산기후를 말한다.

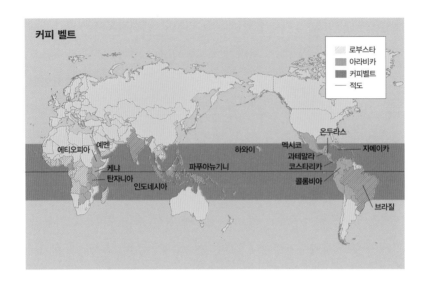

커피 벨트

로부스타
아라비카
커피벨트
적도

에티오피아 예멘
케냐
탄자니아
인도네시아
파푸아뉴기니
하와이
멕시코
과테말라
코스타리카
콜롬비아
온두라스
자메이카
브라질

　커피의 주요 생산지는 남미의 브라질, 멕시코, 콜롬비아, 온두라스, 과테말라, 아프리카의 에티오피아, 우간다, 아시아의 인도, 베트남, 인도네시아 등이며, 이들 국가와 인접한 국가도 커피를 많이 생산한다. 이들은 모두 '커피 벨트'라고 불리는 북회귀선과 남회귀선 안쪽에 걸쳐 있으며, 대체로 제3세계 또는 개발도상국이다.

지리가 커피 맛을 결정한다

원산지에 따라 제각각인 커피 맛

세계적인 다국적 커피기업인 스타벅스의 웹사이트를 보면, '커피 교육'이라는 공간이 마련되어 있다. 그중 한 페이지에서 "지리는 향기다 Geography is Flavor"라는 광고 카피를 찾아볼 수 있다. 지리에 관심 있는 사람이라면 이 표현의 숨은 의미를 쉽게 이해할 수 있을 것이다. 스타벅스는 그 뜻을 잘 이해하지 못하는 사람을 위해 "각각의 커피 원두가 재배되는 원산지별 특징을 이해한다면, 여러분은 커피 맛에 대해서 더 많은 것을 이야기할 수 있습니다"라는 설명을 덧붙이고 있다. 커피의 다양한 맛은 다양한 지리적 조건에서 나온다는 뜻이다.

커피의 주요 생산지는 크게 세 지역(라틴아메리카, 아프리카·아라비아, 아시아·태평양)으로 나뉘고, 각 지역의 특징적인 자연환경(특히 토양)과 고유한 기후는 그 지역에서 생산되는 커피의 맛을 결정한다. 한마디로 말하면, 커피의 재배 지역과 맛은 기후 및 토양이 좌우한다.

훌륭한 커피의 맛과 풍미를 위해서는 기후, 토양, 고도, 농업기술이 조화롭게 어우러져야 한다. 대체로 라틴아메리카 커피들은 깔끔하고 균형 잡힌 맛을 내고, 너트나 코코아가 연상되는 풍미를 가지고 있다. 그리고 아프리카·아라비아 커피는 놀랄 만큼 매력적인 풍미를 가지는데, 플로럴향, 베리향, 시트러스향이 난다. 마지막으로 아시아·태평양 커피들은 진하고 강렬하며 흙 내음과 허브향이 나고, 혀로 느껴지는 질감이 묵직하다.

이처럼 여러 원산지의 커피를 블렌딩(혼합)하지 않은 단일 원산지 커피는 각 원산지 원두의 풍미를 최고로 느낄 수 있게 해 준다. 그러나 다른 풍미를 지닌 여러 종류의 커피를 블렌딩한 커피 역시 색다른 풍미를 가진다. 블렌딩은 자연이 선물한 커피의 다양한 풍미를 서로 결합하여 인간이 조화를 부리는 기술이라고 할 수 있다.

커피의 품종, 지리적 차이를 반영하다

상업적으로 재배하는 커피의 품종은 대개 세 가지, 즉 '아라비카', '로부스타', '리베리카'로 구분된다. 그중에서도 리베리카는 전 세계 생산량의 1퍼센트 미만을 차지하는 만큼 미미하므로, 커피 품종은 보통 아라비카와 로부스타로 구분한다. 이 두 품종은 성장 특성과 최적 재배 환경이 다를 뿐만 아니라 커피 열매의 특성도 다르다. 앞에서 잠시 이야기했듯, 아라비카의 원산지는 에티오피아로 기후와 온도 변화에 민감하고 병충해에 약해 해발 1000미터 이상인 열대 고원 지역 상춘기후 지대에서만 재배된다. 아라비카는 세계 커피생산량의 60~70퍼센트를 차지하는 대표적인 커피 품종이다. 대체로 우수한 맛을 내는 고급 품종이기는 하나 기후나 토양 등에 매우 민감하여 재배 조건이 까다로운 커피이다. 게다가 열매가 1년 내내 조금씩 자라기 때문에 연간 몇 차례에 걸쳐서 조금씩 수확해야 한다는 어려움까지 있다. 당연히 아라비카는 가격이 비쌀 수밖에 없다. 주로 남미(브라질, 콜롬비아 등), 카리브해(과테말라, 코스타리카 등), 동아프리카(에티오피아 등)에서 재배되며, 향이 짙고 신맛이 우수해서 원두커피로 주로 사용된다. 우리가 스타벅스 등 커피전문점에서 마시는 고급 커피의 원두는 대개 아라비카라고 보면 된다.

　사실 아라비카 품종도 그것이 재배되는 지역 또는 국가에 따라 맛이 다르다. 커피 생산에 이상적인 기후와 토양을 가진 지역에서 자란 뛰어난 아라비카 원두로 만든 커피를 스페셜티specialty 커피라 한다. 스페셜티 커피는 생산지의 토양과 기후에 따라 특유의 향과 맛을 갖는다. 특히 자메이카의 블루마운틴은 하와이의 '하와이안 코나', 예멘의 '모카'와 함께 세계 3대 커피로 꼽힐 만큼 품질이 뛰어나다. 그 외 브라질의 산투

생두의 색은 좀
더 진한 녹색이며
전체적으로
푸른색을 띠고
있다. 평평한
모양이다.

아라비카

에티오피아	원산지	콩고
1753	기록연도	1895
60~70퍼센트	생산량	30~40퍼센트
해발 1000~2000m	재배고도	해발 700m 이하
1500~2000mm	적정 강수량	2000~3000mm
15~24℃	기온	24~30℃
약함	병충해	비교적 강함
6~9개월	열매 숙성기간	9~11개월
동아프리카(에티오피아 등), 중남미(브라질, 콜롬비아, 코스타리카 등)	재배지역	서아프리카, 동남아시아 (베트남, 인도네시아 등)
0.8~1.4퍼센트	카페인 함량	1.7~4.0퍼센트
향미가 우수, 신맛이 좋음	맛	향미가 약함, 쓴맛이 강함

아라비카보다
볼록하고 둥글며
녹색에서 회갈색을
띠고 있다. 타원형
모양이다.

로부스타

스, 콜롬비아의 수프리모, 과테말라의 안티구아, 인도네시아의 코피루왁(사향커피) 등도 스페셜티 커피다.

반면, 로부스타는 19세기 중엽에 발견되었으며 고온에 강해서 해발고도 700미터 이하의 고온다습한 지대에서도 재배된다. 로부스타종은 병충해에 강하고 비교적 저지대에서 재배할 수 있어 생산할 때 인력을 동원하기 편하고 수확 후에 운반, 처리하는 것도 용이하다. 로부스타는 세계 커피생산량의 30~40퍼센트를 차지하는데, 원산지는 아프리카 콩고이다. 잎과 나무는 크지만 열매는 아라비카보다 작다. 아시아(베트남, 인도네시아, 인도 등)와 아프리카 내륙 국가 대부분은 로부스타를 재배하며 브라질도 로부스타를 많이 생산한다. 로부스타는 아라비카에 비하여 카페인 함량이 많으며 쓴맛이 강하고 향이 부족하여 주로 인스턴트커피의 원료로 사용된다.

가난한 제3세계 커피 농가,
부유한 선진국 가공업자

생산지는 가난하고 소비지는 부유하다

커피를 재배·생산하려면 기후가 중요한데, 재배지는 적도를 중심으로 한 남북회귀선 안에 위치해야 하고 다습한 고지대여야 한다. 커피나무에 냉해가 올 정도로 최저기온이 낮아서는 안 되고 또 최고기온이 너무 높아서도 안 된다. 이런 기후 조건을 충족시키는 곳은 열대 고원 지역에 위치한 제3세계 국가가 대부분이다. 커피는 이러한 기후 조건을 충족하는 70여 개 나라에서 생산된다. 하지만 커피의 30퍼센트 이상이 브라질에서 생산되고 있어 브라질의 커피 작황에 따라 국제 시세가 좌우될 정도다. 2012~2013년 국제커피기구ICO 자료에 따르면, 커피 생산량에 있어 브라질(35.2퍼센트)이 압도적인 1위이고, 2위 베트남(15.2퍼센트), 3위 인도네시아(8.8퍼센트), 4위 콜롬비아(6.6퍼센트) 순이다. 커피의 원산지인 에티오피아(5.6퍼센트)는 5위를 차지했다. 대륙별로는 브라질, 콜롬비아, 온두라스, 페루, 멕시코, 과테말라, 코스타리카, 니카라과, 엘살바도르가 위치한 중남미가 압도적이고, 그다음으로 베트남, 인도네시아, 인도가 자리한 아시아, 세 번째로는 에티오피아, 우간다, 코트디브아르를 포함하는 아프리카 순이다.

세계 최대의 커피 생산국인 브라질을 위시하여 라틴아메리카에 위치한 많은 국가의 경제에서는 커피가 중요한 자리를 차지한다. 커피는 석유와 마찬가지로 전 세계 어느 곳에서나 쉽게 접할 수 있는 반면, 생산 지역이 상당히 제한되어 있다. 그런 이유로 커피는 생산지와 전 세계 소비지 사이에 활발한 무역이 일어나게 하는 상품이다. 실제로 커피는 국제 상품 시장에서 석유 다음으로 많이 거래된다.

흔히 커피 하면 브라질을 떠올리지만 우리가 마시는 대부분의 인스턴트커피는 베트남에서 재배된 것이다. 실제로 베트남 커피가 우리나라 전체 커피 수입량의 40퍼센트를 차지한다. 베트남은 인스턴트커피에 주로 쓰이는 로부스타의 세계 최대 생산국이기도 하다. 특히 세계적으로 커피 수요가 증가하자, 베트남은 커피 재배 지역을 남부에서 북부 지역으로 확대하여 브라질에 이어 세계 2위의 커피 생산국과 수출국이 되었다. 가난한 제3세계에서 생산된 커피 역시 세계 여러 국가로 수출된다.

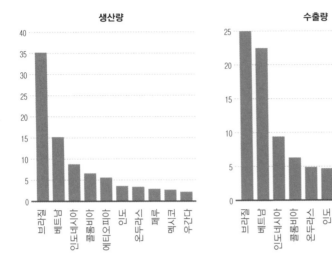

커피 생산 및 수출 상위 10개국

단위: 퍼센트 자료: ICO, 2012년

생산량

수출량

그렇다면 커피를 주로 수입하는 국가는 어디일까? 커피 주요 수입국은 미국, 독일, 이탈리아, 일본, 프랑스, 벨기에, 스페인, 영국, 러시아, 폴란드, 네덜란드 등 선진국이 대부분이며, 미국과 일본을 제외하면 대부분 유럽이다. 커피가 전 세계로 전파되는 데 유럽의 역할이 지대했듯, 여전히 커피하면 유럽인 셈이다. 그러나 현재 커피 최대 수입국은 단연 미국으로, 커피에서조차 미국의 영향력을 실감할 수 있다.

커피를 많이 수입한다는 것은 그만큼 커피를 많이 소비한다는 이야기다. 그러나 커피 수입량과 커피 소비량에는 미묘한 차이가 있다. 우선 커피의 소비량을 살펴보자. 세계에서 커피를 가장 많이 소비하는 나라는 미국이며 미국의 커피 유통량은 전 세계 유통량의 3분의 1을 차지한다. 미국인의 절반 이상이 아침에 눈을 뜨자마자 커피를 마신다. 커피문화권에 속하는 국가 중에서 미국의 인구가 가장 많은 것도 한몫한다. 유럽의 커피 소비량은 전체적으로 볼 때, 미국보다 월등히 높지만 개별 국가로 따지면 미국의 소비량과 비교할 바가 못 된다. 대륙별 커피 소비량을 살펴보면 유럽이 가장 큰 비율을 차지한다. 전통적으로 커피 문화가 발달했고, 유럽 전체의 인구가 많기 때문이다. 현재 유럽, 미국, 일본의 커피 소비량이 전체의 50퍼센트에 육박하고 있다.

한편 국가별 커피 소비량과 1인당 커피 소비량에는 큰 차이가 있다. 2008~2011년 1인당 커피 소비량이 가장 큰 국가는 핀란드(12.23킬로그램)이며, 그다음은 노르웨이, 덴마크, 스웨덴, 오스트리아, 독일 순으로 모두 유럽 국가이다. 또한 미국의 경우 전체 커피 소비량은 가장 높은 데 비해 1인당 소비량은 그리 높지 않다는 점이 특징적이다. 커피를 가장 즐기는 핀란드의 경우, 한 사람이 1년 동안 마시는 커피를 환산하면 대략 1560잔에 달한다. 이를 다시 하루 섭취량으로 환산하면 4.2잔에 이른다. 즉 핀란드 국민은 하루 평균 4잔 이상의 커피를 마신다는 말이 된다.

이처럼 커피의 주요 생산지와 소비지는 극명하게 분리된다. 즉 커피의 주요 생산지는 가난한 제3세계 또는 개발도상국이며, 소비지는 대부분 부유한 선진국이다. 커피의 생산, 소비, 이동, 시장 가격의 메커니즘을 들여다보면 세계화로 인해 선진국과 제3세계 사이에 어떤 문제가 발생하는지를 알 수 있다.

제3세계 착취로 이어지는 나쁜 커피 소비 구조
커피의 생산 공간과 소비 공간은 제3세계와 선진국으로 확연히 분리된

커피 수입 및 소비 상위 10개국

자료: ICO, 2012년

단위: 1000Bag(60kg 포대 개수)

수입량

| 30000 |
| 25000 |
| 20000 |
| 15000 |
| 10000 |
| 5000 |

미국 · 독일 · 이탈리아 · 프랑스 · 스페인 · 벨기에 · 영국 · 러시아 · 폴란드

소비량

| 25000 |
| 20000 |
| 15000 |
| 10000 |
| 5000 |
| 0 |

미국 · 독일 · 프랑스 · 스페인 · 이탈리아 · 캐나다 · 스페인 · 영국 · 폴란드

1인당 커피 소비 상위 10개국

단위: kg/1인(2008~2011년)

| 15 |
| 12 |
| 9 |
| 3 |

핀란드 · 노르웨이 · 덴마크 · 스웨덴 · 오스트리아 · 독일 · 슬로베니아 · 이탈리아 · 프랑스 · 키프로스

다. 이러한 분리는 선진국이 제3세계를 착취하는 결과를 빚었고, 반세계화 운동을 불러일으키게 되었다. 이 문제는 비단 오늘날에 국한된 것이 아니라, 유럽이 아프리카와 중남미 국가를 지배했던 식민지 시절까지 거슬러 올라간다. 오늘날 제3세계 국가는 대부분 유럽의 정치적 지배에서는 벗어났지만, 세계화로 인해 더욱 빠르게 경제적 식민지가 되어 가고 있다. 커피는 이러한 경제 식민 상황을 보여 주는 단적인 사례다. 사실 커피에만 국한된 문제가 아니라 카카오, 목화, 다이아몬드 등 다른 원료 및 자원도 모두 마찬가지다.

커피 관련 산업이 커피 생산국의 전체 경제에서 차지하는 비중은 절대적으로 크다. 선진국에서 주로 소비되는 커피의 국제적 수요가 변하면 커피 생산 농가는 큰 영향을 받는다. 베트남 등지에서 커피 생산지가 늘어나고, 또 공급이 넘치는 바람에 최근 국제 커피 생두 가격은 사상 최저 수준이었다. 국제구호기구 옥스팜Oxfam의 보고서에 따르면, 생두 가격이 하락하고 저질 커피 원두가 범람하는 바람에 전 세계 2500만 커피 재배 농가가 폐농 위기에 처해 있다. 생두 가격은 현재 다소 상승하고 있지만 제3세계 국가의 커피 재배 농가를 경제 위기에서 벗어나게 해 줄 수준은 아니다.*

특히 선진국의 커피 회사는 제3세계 커피 생산국으로부터 커피를 헐값에 사들이고, 이를 유통·가공하여 비싼 값으로 판매하면서 막대한 차익을 남긴다. 그로 인해 제3세계 커피 농가들이 착취를 당한다는 비난

● 커피나무에는 커피 체리(열매)가 열리는데 이를 수확하여 정제한 것을 생두green bean라고 하며, 이를 로스팅한 것을 원두roasted bean라고 한다. 커피콩 또는 커피빈 coffee bean은 일반적으로 이 둘을 구분하지 않고 쓰는 용어이다.

제3세계 커피 농가들의 노동은 헐값에 거래되는
경우가 많고 이는 농가 폐농으로 이어진다.

이 생겨난 것이다. 또 국제 커피 시장이 변해 커피콩 가격이 폭락하더라도 유명 브랜드 커피전문점에서 사 마시는 커피 가격은 전혀 하락하지 않는다. 그만큼 커피전문점에서 판매하는 커피의 부가가치가 높다는 것이다. 물론 커피전문점의 커피 가격을 정할 때, 커피 원료 외에도 실내 인테리어와 분위기, 서비스 등 여러 문화적 요인이 작용하지만, 생산과 소비를 매개하는 다국적 식품 기업이 폭리를 취하고 있다는 것은 분명하다. 이러한 눈길을 의식하여 스타벅스는 커피 생산 농가의 이익을 보호하고, 그 지역의 환경까지 보호한다는 광고를 하고 있다.

어려운 국가 경제와 커피 가격 하락으로 커피 재배 농가는 위기를 맞고 있다. 이는 선진국을 비롯한 커피 수입국·소비국의 착취와 무관하지 않다.

씨앗에서 음료까지,
커피 열매의 일생

커피의 불공정한 상품사슬

커피의 상품사슬을 추적하기 위해서는 먼저 커피 산업에 대한 이해가 필요하다. 커피 산업은 크게 세 가지로 나뉜다. 즉, 재배·수확·정제 processing 단계(1차 농수산업), 운송·블렌딩blending·로스팅roasting 등 가공 단계(2차 제조업), 추출·서비스 등 유통 단계(3차 서비스업)를 거치는데 이 단계를 자세히 살펴보면 커피 상품사슬의 이면을 바로볼 수 있다.

커피는 대부분 소규모 농사를 짓는 농부가 재배한다. 커피 농부는 커피나무를 심고, 잡초를 뽑고, 주기적으로 가지를 자른다. 커피 열매가 붉게 익으면 손으로 수확해 햇빛에 말려 수출업자에게 판다. 그리고 약 15년마다 오래된 커피나무를 대체하기 위해 새 묘목을 사는데 커피 열매를 생산할 수 있을 정도로 묘목이 성장하려면 4~5년은 족히 걸린다.

커피 수출업자는 커피 농가를 방문하여 커피 열매를 산다. 구입한 커피 열매를 정제하여 생두를 추출한다. 한 개의 커피 열매에 두 개의 종자가 들어 있는데, 이 종자를 빼내는 과정을 정제라고 하고, 정제를 거친 커피 열매를 생두라고 한다. 정제법은 건식법과 습식법으로 나뉜다. 건식법은 기계를 적게 사용하는 단순한 방식으로 로부스타에 주로 사용된다. 건식법에 비해 습식법은 복잡한 단계를 거치기 때문에 고급 품종인 아라비카를 정제할 때 주로 사용된다. 커피 생두는 햇빛에 말리거나 건조기를 사용하여 건조된다. 커피 수출업자는 이렇게 정제와 건조 과정을 거친 커피 생두를 60킬로그램들이 자루에 담아 커피 집하장으로 운반한다. 그곳에서는 커피를 종류, 품질, 크기에 따라 여러 이름과 등급으로 분류한다. 무역업자는 이것을 항구로 운반하여 주요 소비국에 배로 운송한다.

네슬레, 프록터앤드갬블, 사라리처럼 커피를 볶아 파는 회사를 로스터roaster라고 하는데, 이들은 무역회사가 수입한 다양한 커피 생두를 사서 블렌딩하고 로스팅하여 좋은 맛을 내게 한다. 초록색인 생두가 로스팅 과정을 거치면, 우리가 흔히 보는 갈색에서 검은색을 띠는 커피 원두가 된다. 로스터는 원두를 커피전문점에 팔기도 하고, 분쇄하여 인스턴트커피로 가공해 소매업자에게 판매하기도 한다. 로스터는 브랜드를 선전하고, 매혹적인 포장지를 만드는 등 마케팅을 위해 많은 돈을 들인다.

소매업자는 로스터로부터 커피 원두나 인스턴트커피를 산 후 가격표를 붙여 매장이나 커피전문점에서 판다. 사람이 붐비고 입지도 좋은 장소에서 커피를 팔기 위해 소매업자는 높은 임대료를 지불해야 한다. 그리고 고객을 끌어들이기 위해 커피 매장을 개성 있게 꾸며야 하는데, 이때도 인테리어 비용이 많이 든다. 또 소비자에게 질 좋은 서비스를 제공하기 위해 매장 직원을 교육시키고, 임금을 지불한다. 끝으로 소비자는 커피전문점을 들러 커피 원두에서 추출한 커피를 마시거나, 마트에서 인스턴트커피를 사게 된다.

이처럼 우리는 커피의 상품사슬을 통해 다양한 사람(커피 농부, 커피 수출업자, 무역회사, 로스터, 소매업자 등)이 관계 맺는다는 것을 알 수 있다. 그러나 그 자세한 과정에 대해서는 잘 모르고 커피를 재배하는 많은 농부가 왜 어려움을 겪는지 역시 잘 알지 못한다. 우리가 커피전문점 또는 슈퍼마켓에서 커피를 구매하면서 지불하는 비용과 커피 재배 농부의 수입 간에는 엄청난 차이가 있다.

아마 이 글을 읽는 동안에도 수백만 명의 사람이 전 세계 다양한 장소에서 커피를 마시고 있을 것이다. 한 잔의 커피를 마실 때 소비자는 지구를 가로지르는 복잡한 사회·경제적 연계망에 참여하게 된다. 커피를 생산하고 유통하고 분배하려면 세계에 흩어져 있는 많은 사람 간에 계속적인 거래가 있어야 한다. 그러한 국제 무역을 추적하는 것은 매우 흥미로우면서도 우리의 책임감을 일깨우는 일이다. 왜냐하면 이제 우리는 전 세계적인 무역 거래와 커뮤니케이션의 영향을 받으며 일상을 살기 때문이다.

일부 커피 애호가를 제외한 일반인이 직접 또는 매스컴을 통해 간접으로 경험하는 커피는 대부분 최종 생산물인 커피 추출액이다. 우리가 부지불식간에 마시는 커피 한 잔의 의미를 제대로 이해하기 위해서는 커피전문점이나 편의점에서 사 마시는 최종 생산물로서의 커피가 만들어지는 과정에 주목할 필요가 있다.

우리는 커피의 상품사슬을 통해 커피 무역이 공정하게 이루어지는지, 아니면 불공정하게 이루어지는지, 국제무역이 어떻게 일어나고, 국제무역으로 인해 발생하는 이익이 왜 균등하게 분배되지 않는지를 파악할 수 있다. 또 커피 무역을 통해 누가 큰 이익을 얻고, 누가 적은 이득을 보는지, 다시 말해 커피 농부, 커피 수출업자, 무역 회사(해운 회사), 로스터, 소매업자 중 누가 더 큰 이익을 얻는지를 알 수 있다. 상품사슬의 한쪽 끝에 있는 농부는 왜 적은 이득을 얻는지도 이해할 수 있다. 그리고 상품사슬의 또 다른 한쪽 끝에 있는 소비자의 선택이 생산자에게 어떤 영향을 미치는지, 공정한 무역을 위해서 소비자는 어떤 행동을 취할 수 있는지에 대해서도 성찰할 수 있다.

국제 커피 가격의 변동과 농부의 고단한 삶

최근 세계 커피 소비량의 증가로 국제 커피 가격이 상승하고 있다. 그러나 1994~2004년 국제 커피 가격은 계속해서 하락했다. 그로 인해 전세계 커피 재배 농가가 겪는 경제적 어려움이 국제사회의 이슈가 되었다. 그 당시 국제 시장에서 거래되는 커피 중 최고급으로 평가받는 콜롬비아 아라비카 한 자루(60킬로그램)의 가격은 1.25달러 수준이었다.(환산하면 1킬로그램당 2.1센트다.) 어른 한 사람이 커피 한 자루를 생산하려면 대개 1주일이 걸린다. 그 말은 곧 성인 한 사람이 한 달에 5달러, 우리 돈으로

5000원밖에 벌지 못했다는 말이다. 게다가 이는 최고급으로 인정받는 콜롬비아산 커피의 경우이고 그보다 저급인 로부스타를 주로 재배하는 아시아 국가나 농장이 겪었을 경제적 어려움은 미루어 짐작할 수 있다.

국제 커피 가격이 폭락한 원인은 여러 가지다. 그중 1962년 뉴욕에서 체결된 국제커피협정ICA이 효력을 상실한 것이 주요한 요인이었다. 1989년까지 국제커피협정은 수출 한도량을 정하고 상대적으로 가격을 높게 책정해 커피 무역을 통제했다. 그러나 이 협정은 소련의 붕괴 이후 세계 제1의 커피 소비국인 미국이 탈퇴하고 구성원 간의 의견 불일치가 심해 파기되었다. 현재 국제 커피 가격은 런던과 뉴욕에 있는 2개의 상품거래소에 의해 설정된다.

한편 국제 커피 가격이 하락한 것은 많은 커피 생산국이 생산량을 갑자기 늘리고, 비료, 농약, 좋은 종자를 사용하면서 수확량도 늘어났기 때문이다. 특히 베트남을 비롯한 동남아시아 국가들이 커피 생산량을 늘렸다. 베트남은 1990년 커피 시장에 진출한 이래 커피 생산량을 획기적으로 늘려 세계 2위의 커피 생산국으로 발돋움했다. 이 때문에 커피 공급량이 크게 늘어 가격이 급격히 떨어졌다.

그렇다면 늘어난 커피 생산량 때문에 득을 본 자는 누구고 손해를 본 자는 누구일까? 커피 생산에 주로 의존하는 개발도상국의 농부는 당연히 더욱 빈곤해지게 된다. 반면 커피를 가공하여 파는 거대 다국적기업은 득을 보았다. 다국적기업은 커피 공급이 늘어날수록, 더욱 싼 값에 생두를 사고 그것을 가공해 부가가치를 높이므로 보다 많은 이윤을 얻는다. 커피 생산량의 급증으로 국제 커피 가격이 하락했음에도 불구하고, 소비자는 여전히 비싼 가격으로 커피를 소비하고 있다. 커피 상품사

커피나무는 적도 근처 열대 고원에서
자란다. 커피 열매는 익는 데 약
10개월이 걸리며, 초록에서 노랑
그리고 빨강으로 변해 간다.

커피는 주로 소규모 농장에서
가족 노동에 의해 재배된다. 따라서
수확 과정은 매우 느린 편에 속한다.

커피 생산
과정

인스턴트 커피는 슈퍼마켓으로
편의점으로 운반되어 소비자와 만나고
커피 전문점이나 카페에 납품된 원두는
다양한 메뉴로 바뀌어 소비자에게
판매된다.

한 개의 열매에는 두 개의 초록 콩이
있다. 초록 콩(생두)은 껍질을 벗기는
정제과정을 거친 후 잘 씻어 말린다.
때때로 기계가 사용되기도 한다.

깨끗하게 건조된 커피 콩은 자루에
담겨 집하장으로 운반되고,
집하장에서는 커피의 품질을 분류하여
등급을 매긴다.

로스터는 커피 콩을 로스팅하고
선별한다. 로스팅한 원두는 커피
회사나 전문점에 납품하고 일부는
분쇄하여 인스턴트 커피 제품을
만든다.

커피 콩 자루는 각 나라로 운반되고
딜러는 커피 수출업자로부터 커피 콩을
사서 로스터 또는 커피 회사에 판다.

슬에서 농부와 최종 소비자는 그저 다국적기업의 배를 불리는 것인지도 모른다.

커피 한 잔의 가격에
담긴 의미

내가 지불한 커피 한 잔 값, 각각 누구에게 돌아가는 걸까? 사실 커피 한 잔에 들어가는 돈은 매우 불공정한 방식으로 분배된다. 우리가 커피 전문점에서 커피를 마실 때 이득을 보는 사람은 누굴까? 농부는 겨우 커피 값의 3~10퍼센트를 차지할 뿐이다. 가장 많은 이득을 챙기는 사람은 앞서 말한 로스터와 스타벅스, 네슬레, 프록터앤드갬블 같은 최종 커피 생산자이며, 그다음으로 커피전문점, 제3세계 무역업자·수출업자, 운송업자 순이다. 결국 제3세계 생산자, 즉 커피 농가가 차지하는 몫은 수익 중 3퍼센트 안팎으로 형편없으며, 90퍼센트 이상은 거대 커피 회사, 소매업자, 중간거래상에게 돌아간다.

옥스팜이 제시한 커피 한 잔의 가격 분석을 보면 문제는 더욱 심각하다. 가공비(로스팅), 유통비, 판매업자의 이윤이 93.8퍼센트로 가장 큰 비중을 차지하고 운송료와 수입업자의 이윤이 4.4퍼센트, 세금과 중간상의 이윤이 1.3퍼센트, 그리고 커피 생산 농가의 수입이 0.5퍼센트를 차지한다. 마찬가지로 이윤의 대부분은 극소수의 거대 다국적기업과 중간거래상이 차지하게 된다. 커피를 생산하는 제3세계 농민들에게 커피는 삶의 일부분이 아니라 전부이다. 커피 농장에서 일하는 노동자 한 사람이 하루 종일 땀 흘려 일하고 번 돈은 선진국의 커피 한 잔 값에도 못 미친다. 커피를 재배하여 판매한 돈으로 생계를 유지하는 농민의 생활은 매우 궁핍하다. 이러한 불공정 거래는 브라질, 베트남, 멕시코, 인도네시아 등 커피 생산국이라면 어디서나 나타나는 현상이다. 이제라도 어린이 노동력을 이용하지 않으며, 농민에게 적정한 돈을 지불하고 구입한 '공정무역 커피'를 찾아 마실 필요가 있다. 선진국은 커피 재배 농민을 원조하기는 하지만, 정작 이들이 원하는 것은 '도움이 아닌 거래Trade, Not Aid'다. 불공정한 거래가 아닌 공정한 거래 말이다.

커피는 전 세계인이 즐기는 음료인 동시에 부의 세계적 불균등 문제를 가장 잘 나타내는 상품이기도 하다. 이러한 문제는 서구 선진국이 여전히 식민주의적 사고방식에 사로잡혀 있기 때문에 발생한다. 전 세계적으로 커피 산업의 불공정성에 대한 문제 인식이 필요하며 개선을 위한 노력도 요구된다.

오늘 마신 커피,
제값 내셨나요?

"옛 현자가 '당신이 과일을 먹을 때마다 누군가 그 과일나무를 심었다는 사실을 기억하라'고 한 것처럼 당신이 커피를 마실 때마다 누군가 커피나무를 심어 정성으로 가꾸고 수확했음을 기억해 주길 바랍니다."
-네팔의 한 농부

무심결에 마시는 커피 한 잔 값 속에는 정당한 대가를 받지 못하는 커피 농부의 눈물이 숨겨져 있다. 커피 농부가 아무리 열심히 일하더라도, 그들에게 돌아가는 몫은 늘지 않는다. 커피 값은 멀리 떨어진 뉴욕과 런던의 상품거래소에서 결정되기 때문이다. 자유 시장 경제에서 커피 가격은 수요와 공급에 의존한다. 그러나 이러한 자유 시장 경제에는 함정이 숨어 있다. 커피 공급이 늘고 가격이 폭락해 커피 농가 수익은 계속해서 줄어드는 반면, 다국적 커피 기업의 수익은 계속해서 늘어났기 때문이다.

이러한 불공정 거래는 경제적 문제뿐만 아니라 2차적인 사회 문제를 유발한다. 빈곤에 허덕이는 커피 생산국은 커피 농사를 그만두고 마약 재배에 손을 댐으로써 세계 마약 공급의 원흉이라는 비난을 받는다. 콜롬비아 코카인 재배가 바로 그러한 예다. 또한 커피 가격 하락 때문에 경제적 이익이 줄면, 농민들은 이를 보상받기 위해 더 많은 숲을 개간하고 화학비료 사용량을 늘리는 동시에 단위 면적당 재배 나무 수를 늘린다. 이 때문에 커피 생산국의 토지는 황폐해지고 숲이 벌목되는 등 경제적 문제와 동시에 환경파괴라는 2차적 문제가 발생한다.

그렇다면 커피 농부를 위한 적절한 커피 값은 얼마일까? 또 커피 농부들이 공정한 대가를 얻도록 하려면 무엇부터 해야 할까?

우선 커피 농부는 일한 만큼 대가를 받아야 한다. 자유 시장 경제체제 하에서 불공정무역의 대안으로 떠오른 것이 바로 공정무역이다. 공정무역은 불균등한 세계의 부를 조금이나마 평등하게 나누어 가지려는 의식에서 출발한다. 1988년 네덜란드의 막스 하벌라르Max Havelaar 단체는 커피를 사고 파는 새로운 방법을 찾아냈다. 그것은 농부를 생각하

공정무역의 가치를 알리는 포스터

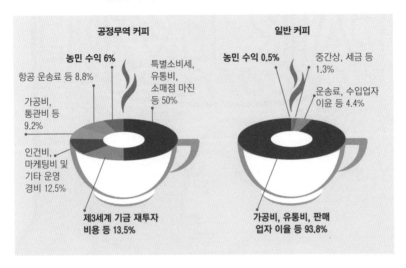

공정무역 커피 한 잔과 일반 커피 한 잔의 비교

공정무역 커피

농민 수익 6%

항공 운송료 등 8.8%

가공비, 통관비 등 9.2%

인건비, 마케팅비 및 기타 운영 경비 12.5%

특별소비세, 유통비, 소매점 마진 등 50%

제3세계 기금 재투자 비용 등 13.5%

일반 커피

농민 수익 0.5%

중간상, 세금 등 1.3%

운송료, 수입업자 이윤 등 4.4%

가공비, 유통비, 판매 업자 이율 등 93.8%

는 거래 방식으로, 이를 통해 농부에게 지불할 공정한 가격을 정할 수 있다. 이 단체는 이를 '공정무역fair trade'이라 불렀고, 공정무역 로고도 만들었다. 1992년, 옥스팜과 영국의 자선단체는 이 아이디어를 받아들여 공정무역을 촉진하기 위해 공정무역 재단Fairtrade Foundation을 출범시켰다.

커피 주요 소비국의 시민단체는 커피 주요 생산국의 생산자조합으로부터 커피를 사들인다. 이때 일반 커피 가격과 비슷한 수준에서 값을 지불한다. 그리고 중간 비용을 줄여 생긴 차액을 개발도상국 농민에게 환원하는 방식으로 커피를 판매하는데, 이를 공정무역 커피라고 한다. 공정무역 커피는 다국적기업 중심의 유통 구조를 거부하고, 커피 생산 농가와 직거래하여 최저가격을 보장한다. 이러한 방식으로 커피 생산 농가의 생활을 지원하고 어린이 노동을 근절하며 친환경 농업을 유도하는 것을 목표로 한다.

이처럼 전 세계인의 기호품이면서 노동자 착취의 대표적 상징인 커피는 역설적이게도 가장 빨리 공정무역을 확대시킨 상품이다. 커피 한 잔의 가격을 놓고 볼 때, 일반 커피에서 발생하는 수익의 0.5퍼센트가 커피 농부에게 돌아간다면, 공정무역 커피의 경우 수익의 6퍼센트가 커피 농부에게 돌아가며, 제3세계 기금과 재투자 비용 등으로 13.5퍼센트가 쓰인다.

공정무역 제품을 소비한다는 것은 가난한 이에게 자선을 베푸는 행동이 아니다. 그들이 마땅히 얻어야 할 대가를 지불하는 윤리적 소비이다. 공정무역을 하면, 제3세계 커피 농부의 빈곤뿐만 아니라 환경오염도 줄어든다. 공정무역을 통해 거래되는 농산물은 친환경적인 유기농 방식으로 재배·수확되고 유통된다. 초기에는 다소 비용이 더 들더라도 커피 재배 농부가 이러한 유기농 방식을 지속해 가고 또 빈곤한 생활을 개선할 수 있도록 보다 높은 수입을 보장해 주기 때문에, 공정무역은 환경과 가난의 문제를 동시에 해결해 주는 대안으로도 여겨진다.

공정무역 커피를 이용하는 것, 즉 이러한 윤리적 소비는 입맛의 변화가 아니라 생각의 변화를 요구한다. 이제부터라도 커피를 새로운 시각에서 바라볼 필요가 있다. 그동안 마셨던 커피는 가난한 커피 재배 농부들이 피땀 흘려 생산한 것이다. 원조나 동정이 아니라 제 값을 지불하는 공정한 거래야말로, 제3세계에 사는 대부분의 사람들이 평생 멍에처럼 짊어지고 있는 가난을 덜고 개선하는 길이다.

스타벅스,
글로벌 커피 제국이 나가신다!

스타벅스는 어떻게 세계를 재패했을까?

이제 해외 프랜차이즈 커피전문점은 우리가 일상적으로 볼 수 있는 풍경이 되었다. 우리에게 가장 익숙한 브랜드는 아마도 스타벅스일 것이다. '별다방(스타벅스)', '콩다방(커피빈)' 같은 별칭으로 불리던 외국계 커피전문점은 대략 17년 전에 한국에 들어왔다. 국내에 들어온 외국계 커피전문점 중 스타벅스는 점포당 연 매출로 보아 점유율 1위를 차지하고 있다.

스타벅스는 1971년 미국 서부 워싱턴 주 시애틀에서 처음 문을 열었다. 스타벅스 1호점이 시애틀에 있기에, 스타벅스 하면 시애틀, 시애틀 하면 스타벅스라는 공식이 성립하게 되었다. 스타벅스는 작가 고든 보우커, 영어교사 제리 볼드윈, 역사교사 제브 시글이 공동 설립했다. 이들은 소수의 커피 애호가를 위한 고급 커피를 판매할 목적으로 회사를 설립했는데, 초기에는 커피전문점이 아니라 커피 재료를 판매하는 도매업이 중심이었다. 지금처럼 스타벅스를 세계적인 커피전문점으로 키운 사람은 현재의 CEO 하워드 슐츠다. 잘 알려졌듯이 스타벅스는 미국 소설가 허먼 멜빌이 1851년에 발표한 소설 《모비 딕》에 나오는 일등항해사의 이름 스타벅Starbuk에서 따온 것이다. 창립자 중 고든 보우커는 노 젓는 작은 보트로 고래를 쫓는 용감한 포경선 선원들의 생활을 생생하게 묘사한 이 책을 감명 깊게 읽고 스타벅스라는 이름을 제안했다. 그 이유는 소설 속 스타벅이 늘 커피를 들고 있었으며, 배가 아프리카나 남

시애틀 파이크플레이스마켓에 문을 연 스타벅스 1호점

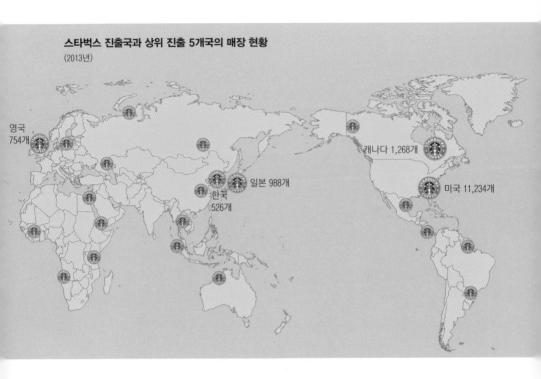

스타벅스 진출국과 상위 진출 5개국의 매장 현황
(2013년)

영국
754개

캐나다 1,268개

일본 988개

한국
526개

미국 11,234개

미에서 생산되는 커피를 유럽이나 미국으로 운반하는 중요한 교통수단
임에 착안한 것이다.

시애틀에서 시작한 스타벅스는 처음에는 가까운 캐나다 밴쿠버와 미
국 중서부 시카고에 점포를 냈다. 그 후 세계 어디에서나 동일한 매장
운영 방식을 고수하고 동일한 고객 서비스를 제공한다는 경영 방침과
함께 해외로 눈을 돌렸다. 스타벅스가 폭발적인 성장세를 보인 시점은
해외 매장 확대를 통해 본격적으로 글로벌화를 추진한 시점과 대체로
일치한다.

스타벅스는 2017년 기준 전 세계 75개국에 약 2만 6000개의 매장을
보유하고 있고 직원 수만 해도 33만 명에 이른다. 커피를 통해 세계를

지배한다 해도 과언이 아니다. 전 세계 어느 곳을 가나 2개의 꼬리가 달린 바다의 신 '사이렌Siren'을 형상화한 초록색의 로고를 찾아볼 수 있다. 1999년 7월 27일 스타벅스 국내 1호점이 이화여자대학교 앞에 들어선 이후, 2016년 8월 기준 매장 수는 938개(서울에만 372곳)가 넘어섰다. 2013년 526개에서 월등히 늘었다. 그야말로 "전 세계 방방곡곡에 양질의 커피를 제공한다"는 스타벅스의 기업 사명이 진출 국가만 놓고 보면 현실화되었음을 알 수 있다.

그렇다면 사람들은 왜 그렇게 스타벅스에 열광하는 걸까? 단순히 커피 때문만은 아니다. 스타벅스가 세계로 진출해 성공한 것은 '차별적 경험 제공 전략'과 '지배적 시장 전략' 때문이다. 스타벅스의 차별적 경험 제공 전략이란, 커피를 편안하고 휴식이 깃든 장소에서 친절한 서비스를 통해 제공하는 것이라고 할 수 있다. 스타벅스는 무엇보다도 최고 품질의 커피를 고객의 기호에 맞추어 제공하는 전략에 무게를 둔다. 전 세계에서 가장 좋은 원두를 안정적으로 공급받음으로써 기존 커피전문점과는 다른 향과 맛을 강조했다.

기존의 대형 프랜차이즈는 인구와 시장 규모에 따라 도시 상권을 분석하고 그에 따라 적절한 점포 수를 정했다. 그러나 스타벅스는 사람이 자주 드나들고 상권이 좋은 곳에 다수의 점포가 입점하는 전략을 사용하는 것으로 유명하다. 이러한 한 지역 다점포 전략을 일컬어 '지배적 시장 전략'이라고 한다. 스타벅스는 노출 빈도가 높은 지리적 중심가를 스타벅스 간판으로 장악해 버리는 전략을 구사한다. 그러면 같은 브랜드 매장 사이의 간격이 좁아져 서로 상대 고객을 빼앗는 자기 잠식이 일어날 수밖에 없고, 각 매장의 매출은 떨어지게 마련이다. 반면 각 매장의 매출액은 줄어도 전체 매출액은 계속해서 증가한다. 한 지역 다점포 전략을 구사하면 그 브랜드가 소비자의 눈에 더 자주 띄기 때문에 브랜드 인지도가 높아져 브랜드 신뢰도도 크게 좋아진다. 아예 다른 브랜드가 소비자의 머릿속에 들어설 틈조차 주지 않는 것이다. 매장당 수익성이 떨어지겠지만, 그 손실은 광고비로 충당한다. 실제로 스타벅스는 대중매체 광고를 거의 하지 않고도 브랜드 인지도를 빠르게 높였다.

커피 제국 스타벅스, 무엇이 문제인가

이제 스타벅스는 전 세계 커피 문화의 아이콘으로 자리 잡았다. 스타벅스의 폭발적 성장은 다른 기업의 벤치마킹 사례가 되곤 한다. 그러나 스타벅스의 세계화에 대한 우려의 목소리 또한 높다. 스타벅스는 맥도날드, 코카콜라처럼 미국 신제국주의의 상징으로, 영세 사업체를 약탈하고 있다는 비난을 받고 있다. 경쟁 기업을 수렁으로 몰아넣는 제국주의적 사업 확장은 그중 가장 큰 문제로 지적된다. 앞에서 이야기한 한 지역 다점포 전략이 대표적 예다. 스타벅스는 상권을 석권해 경쟁사가 들어올 여지를 주지 않는다. 또 교통이 편리하고 목이 좋은 장소에서 장사를 잘 하고 있던 다른 커피전문점의 임차권을 임대인에게 웃돈을 주고 빼앗는 부동산 전략을 구사하기도 했다.

스타벅스의 비싼 커피 가격도 비난받는다. 문제는 스타벅스가 커피 가격을 올리면 다른 커피전문점도 덩달아 가격을 올린다는 점이다. 더욱이 스타벅스는 지역별 가격 차별화 정책을 펼친다. 톨tall 사이즈 아메리카노만 해도 미국은 평균 2.02달러인 반면, 일본 410엔(4.40달러), 홍콩 27.50홍콩달러(3.57달러), 중국 10위안(1.60달러), 한국 4100원(3.93달러)

세계 어느 도시를 가든 쉽게 볼 수 있는 스타벅스

으로, 특히 아시아나 유럽에서 상당히 비싼 편이다. 그리고 도시별로 비교해 봤을 때, 전 세계에서 가장 물가가 비싸다는 미국 뉴욕이나 일본 도쿄보다 한국 서울의 커피 가격이 더 비싸다.

스타벅스 매장에는 다양한 팸플릿이 있는데 그중 눈에 띄는 것이 바로 공정무역 팸플릿이다. 팸플릿에는 원두를 매입할 때 농장에 최고 가격을 보증한다고 되어 있다. 스타벅스는 정말 공정무역 방식을 취하고 있을까?

스타벅스는 현지화 전략의 하나로 일부 지점에서는 한글 간판을 사용하거나,
전통적인 한국식 좌석 공간을 마련하기도 했다.

실제로 스타벅스는 매장에서 판매되는 원두의 단 1퍼센트만을 공정무역 방식으로 구매한다. 스타벅스 매장에서 공정무역 커피는 몇몇 특정 매장에서만 구입할 수 있다. 반면 공정무역 커피의 대명사로 불리는 그린마운틴은 전체 커피의 27퍼센트를 공정무역 방식으로 조달한다.

한편 스타벅스는 세계로 진출하며 현지화하는 과정에서 그 나라의 전통문화를 경시하여 마찰을 빚었다. 2000년 중국 수도 베이징의 고궁박물원은 자금성 관리에 필요한 비용을 마련하기 위해 스타벅스 입점을 환영했다. 그러나 2007년 1월 중국 CCTV 앵커, 루이청강이 자금성 안에 있는 스타벅스로 인해 중국의 존엄성과 문화가 훼손당했다는 글을 자신의 블로그에 올리면서 폐쇄를 요구하는 여론이 확산되었다. 비난 여론이 거세지자 고궁박물원은 스타벅스 측에 매장을 다른 곳으로 옮기고, 고궁박물원 상표를 단 중국산 커피와 다른 음료도 함께 팔 것을 제안했다. 그러자 스타벅스는 제안을 거절하고 자금성 매장을 철수해 버렸다.

우리나라에서도 결과는 달랐지만 비슷한 사건이 발생했다. 2001년 우리나라의 전통 거리를 대표하는 서울 인사동에 스타벅스가 문을 열었다. 다른 곳이었다면 별일 아닐 수도 있지만 인사동이라는 점이 문제가 되었다. 스타벅스가 영문 간판을 쓰려다 보니 전통 문화 훼손이 아니냐는 논란이 불거진 것이다. 간판은 매장의 얼굴이다. '스타벅스'하면 영어 대문자가 쓰인 녹색 간판이 떠오른다. 스타벅스는 전 세계 어디에서나 고유한 녹색 영어 간판을 사용한다.

그러나 스타벅스는 중국에서와는 달리 인사동에서 철수하는 대신 비난의 화살을 피하기 위한 현지화 전략을 구사했다. 한국 전통미를 살려

한글 간판을 달고 문을 연 것이다. 스타벅스 인사동점은 현지어(한글)로 쓰인 최초의 스타벅스 간판을 달게 된 것이다. 이뿐만 아니라 건물 외벽 한쪽에는 황토 흙벽, 전통 기와, 한옥 문창살 장식을 하고, 내부에는 흙벽을 만들고 전통부채, 하회탈 등을 걸어 한국의 전통미를 최대한 살렸다. 한국 음료인 수정과와 식혜도 판매하였다. 지금도 스타벅스 인사동점은 정상적으로 영업하고 있다.

다국적기업은 어느 나라에 진출하든 자신의 정체성을 그대로 유지하려고 한다. 하지만 이러한 진출 방식은 잦은 논란에 휩싸여 흔히 글로벌 전략에 로컬(현지) 전략을 가미하여 이른바 글로컬 전략을 구사한다. 결국 스타벅스는 중국 베이징에서 현지화에 실패한 것을 교훈 삼아, 한국에서는 현지의 특성을 반영했다. 이렇듯 세계 곳곳에서 일어나는 세계화는 커피라는 매혹의 음료를 통해 그 민낯을 보여주고 있다.

다이아몬드 잔혹사, 그 끝나지 않은 이야기

일곱 번째

"다이아몬드는 영원하다
A Diamond is Forever"

_드비어스 광고

로맨틱한 보석?
알고 보면 수상쩍은 상품사슬

다이아몬드가 영원한 사랑의 상징?

다이아몬드는 세상에서 가장 단단한 물질로 한 가지 원소인 탄소로만 구성된 보석 광물이다. 다이아몬드라는 이름은 '정복할 수 없다'는 뜻의 그리스어 '아다마스adamas'에서 기원했다. 오늘날 다이아몬드는 영원한 사랑을 의미하여 결혼 혹은 약혼반지로 널리 사랑받는다. 대게 왼쪽 네 번째 손가락에 다이아몬드 반지를 끼는데, 이곳에 끼기 시작한 것은 고대 이집트 시대로까지 거슬러 올라간다. 당시 사람들은 왼쪽 넷째 손가락에 사랑의 혈관이 흐르고 이것이 곧바로 심장으로 향한다고 여겼다. 특히 1477년 오스트리아의 아크두크 막시밀리안이 다이아몬드 반지를 약혼녀에게 주면서 사랑을 약속할 때 다이아몬드가 쓰이기 시작했다. 이 전통이 500년 넘게 지속되면서 다이아몬드는 부와 명예를 가

'영원한 사랑'의 상징이 된 다이아몬드 반지

진 사람의 패션 아이템으로 여겨지게 되었다. 그러다가 1870년 남아프리카에서 다이아몬드 광산이 여럿 발견되면서, 다이아몬드는 일반인도 합리적인 가격에 살 수 있을 만큼 대중화되었고 다양한 액세서리에 쓰이게 되었다.

다이아몬드가 특히 결혼반지로 본격적으로 대중화된 것은 1952년 세계 최대 다이아몬드 회사인 드비어스De Beers가 미국 잡지에 "다이아몬드는 영원하다A Diamond is Forever"는 문구를 사용하면서부터다. 다이아몬드의 영원성과 약혼·결혼반지로서의 가치를 결부시켜 광고한 것이다. 그 뒤 다이아몬드는 남녀간의 사랑을 약속하는 로맨틱한 보석이 되었다.

다이아몬드 상품사슬을 추적하다

다이아몬드의 상품사슬은 매우 국제적이다. 다이아몬드 원석이 생산되는 지역, 이를 커팅하고 가공하는 지역, 가공된 다이아몬드 보석이 거래되는 곳, 그리고 이를 최종 소비하는 지역은 매우 상이하다. 다이아몬드 원석은 '킴벌라이트'라고 하는데 다이아몬드 광산업자에 의해 채굴된다. 세계 최대 다이아몬드 광산 업체로는 리오틴토, 앵글로아메리칸 등이 있다. 원석 채굴은 다이아몬드 상품사슬에서 가장 첫 번째에 해당되며, 다이아몬드의 수요 증가로 가장 큰 수익을 내는 부문이다. 다이아몬드 상품사슬에서 두 번째에 해당되는 것은 다이아몬드 가공이다. 세계 최대 다이아몬드 가공 업체는 '드비어스'이다. 다이아몬드 상품사슬에서 소비자에 가장 가까이 있는 것은 보석 완제품을 판매하는 티파니, 까르띠에 같은 소매업체이다.

세계지도에 다이아몬드의 생산 지역, 가공 지역, 무역센터가 있는 국가를 서로 다른 기호를 사용해 표시하면, 더욱 흥미로운 사실을 발견하게 된다. 그 지도를 잘 들여다보면 다이아몬드 원석이 보석 다이아몬드로 변형되기 위해 그리고 판매되기 위해 얼마나 먼 거리를 이동하는지 알 수 있다. 또한 다이아몬드가 생산되는 지역, 가공되는 지역, 무역이 이루어지는 지역, 소비가 이루어지는 지역이 어떤 특성을 지니고 있는지도 알 수 있다.

다이아몬드 생산 지역은 몇몇 국가(호주, 캐나다, 러시아)를 제외하고 대부분 개발도상국이다. 반면 이를 가공하고 무역하는 지역은 대부분 선진국이다. 그뿐만 아니라 현재 소매 시장에서 다이아몬드를 가장 많이 소비하는 나라는 미국(44퍼센트)이며, 그다음으로 일본(11퍼센트), 유럽(20

세계의 다이아몬드 주요 생산지역, 가공지역, 무역센터

가공지역
(컷팅/연마)
벨기에
인도
이스라엘
러시아
네덜란드
브라질
중국
프랑스
한국
말레이시아
튀니지

생산지역
기니
시에라리온
라이베리아
코트디부아르
가나
앙골라
나미비아
중앙아프리카공화국
콩고민주공화국
탄자니아
짐바브웨
보츠와나
남아프리카공화국
캐나다
베네수엘라
브라질
러시아
중국
인도
오스트레일리아

캐나다
러시아
중국
인도
베네수엘라
브라질
기니
시에라리온
라이베리아
코트디부아르
가나
앙골라
나미비아
중앙아프리카공화국
콩고민주공화국
탄자니아
짐바브웨
보츠와나
남아프리카공화국
오스트레일리아

다이아몬드 생산지

무역센터
벨기에
홍콩
이스라엘
남아프리카공화국
일본
스위스
영국
미국
아랍에미리트

퍼센트) 등이다. 즉, 선진국이 다이아몬드의 약 75퍼센트를 소비하고, 인도(5퍼센트)와 중국(3퍼센트) 그리고 그 외 나머지 국가가 일부를 소비하고 있을 뿐이다.

다이아몬드의 상품사슬은 이처럼 원석 채굴에서부터 소매업체에 이르기까지 많은 과정으로 구성된다. 그렇다면 다이아몬드 생산 업체, 가공 업체, 무역 업체, 그리고 소매 업체 중 누가 가장 많은 이윤을 남길까? 매년 보석용 다이아몬드 3000만 캐럿(6000킬로그램)과 산업용 다이아몬드 1억 캐럿(2만 킬로그램)이 생산된다. 보석용 다이아몬드의 가치는 다이아몬드 광산에서 소매 아울렛으로 상품사슬을 따라 여행하면서 6배 이상 증가한다. 소매 업체가 가장 많은 이윤을 보는 것이다.

화려한 쇼윈도 속 처참한 진실

다이아몬드는 주로 유명 주얼리 매장에서 취급한다. 그만큼 가치가 있기 때문이다. 그렇다면 세계 최대 주얼리 매장 중 하나인 티파니Tiffany & Co 쇼윈도를 통해 볼 수 있는 다이아몬드는 상품사슬의 끝일까, 시작일까?

우리가 일상생활에서 소비하는 상품의 이미지는 그 상품의 원산지를 숨기는 데 기여한다. 화려하고 로맨틱한 다이아몬드의 이미지 역시 생산지 아프리카의 처참한 모습을 보여 주지 않는다. 상품의 이미지는 대개 광고를 통해 만들어지는데 광고는 특정 문구와 이미지를 결합하여 그 상품을 통해 특별한 가치와 감정을 연상시키는 효과를 극대화시킨다. 예를 들어, 다이아몬드 하면 헌신, 정열, 로맨스 등 낭만적 이미지가 떠오른다. 소비자가 다이아몬드 반지를 구입하는 뉴욕의 티파니 매장은

다이아몬드의 상품사슬

지질학자가 지표면 아래 깊은 곳에서 다이아몬드를 함유하고 있는 '킴벌라이트 파이프'를 발견한다.

▼

'킴벌라이트 파이프'를 연결하는 터널과 수직 통로를 판다. 광산업자는 토양과 바위를 깨끗하게 제거하여 '킴벌라이트 파이프'에 도달하고 드릴과 폭발물을 사용하여 다이아몬드 원석을 추출한다.

▼

다이아몬드 원석은 품질, 크기, 형태에 따라 1만 6000개의 범주로 분류된다. 겨우 20퍼센트만이 보석으로서의 가치를 지닌다.

▼

광산업자는 다이아몬드 원석을 딜러에게 판다.

▼

다이아몬드 원석은 정교한 커팅을 거쳐 연마되고 보석으로 거듭난다. 오늘날 세계 다이아몬드 원석의 90퍼센트는 인도에서 가공된다.

▼

완성된 다이아몬드는 24개의 다이아몬드 거래소 중 하나를 통해 보석상 또는 개인에게 팔린다.

▼

보석 상점에서 소비자는 다양한 액세서리로 가공된 다이아몬드를 구입한다.

보석 상점의 휘황찬란한 쇼윈도

시에라리온, 콩고민주공화국, 앙골라 등지에서 다이아몬드를 채굴하는
노동자, 고도의 보안을 유지하는 세계적인 운송 회사, 다이아몬드 원석
을 가공하는 세공업자를 이어 주는 상품사슬의 최종점이다.

　다이아몬드 산업의 현실은 광고가 보여주는 낭만적 이미지와 달리
가혹하다. 하지만 아이러니하게도 다이아몬드의 원산지 또는 가공 지역
은 다이아몬드라는 상품을 한층 더 매력적이고 긍정적으로 만드는 데
기여한다. 소비자는 그들에게 잘 알려진 장소에서 만들어진 제품(스위스

러시아에 있는 거대한 킴벌라이트

시계, 이탈리아 의류, 프랑스 와인, 독일 자동차, 일본 디지털카메라, 벨기에 앤트워프에서 가공한 다이아몬드)에 대하여 더 많은 돈을 기꺼이 지불하려고 한다. 상품 포장지에 붙은 라벨은 원산지의 상황을 왜곡한다. 예를 들면, 커피 원두는 열대 지방의 이국적 경관을 강조한 포장을 하거나 라벨을 붙이며, 제3세계의 극심한 빈곤을 숨긴다. 광고는 소비자를 생산자와 분리시키는 강력한 힘으로 작용하는 것이다.

왜 다이아몬드는 유독 아프리카에 많을까?

다이아몬드 하면 가장 먼저 떠오르는 대륙은 아프리카다. 그렇다고 다이아몬드가 아프리카 대륙에서만 생산되는 것은 아니다. 다이아몬드는 기원 전 약 800년에 인도에서 최초로 발견되었다. 유라시아 대륙에서는 러시아와 중국 그리고 인도네시아, 남아메리카에서는 브라질과 베네수엘라, 북아메리카의 캐나다, 그리고 오스트레일리아에서도 다이아몬드가 생산된다. 하지만 최대 원산지는 앞에서 보았듯 아프리카 대륙에 있는 나라들이다. 남아프리카공화국과 콩고민주공화국, 보츠와나 등이 다이아몬드의 보고로서 유명한데, 최근에는 서아프리카의 시에라리온에서도 질 좋은 다이아몬드가 생산된다.

그렇다면 아프리카 대륙에 다이아몬드가 많이 매장된 이유는 뭘까? 그 이유를 알기 위해서는 지구에 대륙이 생성된 먼 옛날까지 거슬러 올라가야 한다. 다이아몬드는 1억 8000만 년 전 남반구에 있었다고 하는

'곤드와나 대륙'과 관련이 있다. 즉, 아프리카 대륙이 현재의 오스트레일리아 대륙과 남아메리카 대륙, 남극 대륙과 하나의 땅덩어리로 곤드와나 대륙을 형성하고 있었던 시대에 비밀이 숨겨져 있다. 곤드와나 대륙이 분열하면서 이 거대한 대륙은 아프리카, 오스트레일리아, 남극, 남아메리카, 인도로 쪼개지기 시작했다. 그 분열 활동이 극에 달했던 1억 년 전, 지금 아프리카 대륙의 지하 약 200킬로미터 지점까지 깊게 쪼개졌는데 그 쪼개진 선을 따라 지하 깊숙한 곳에 숨어 있는 킴벌라이트 파이프가 화산 활동으로 지표로 분출했을 것으로 추정된다.

화산 활동 이후 지표면에서는 계속해서 풍화와 침식 작용이 일어났다. 킴벌라이트 파이프 역시 침식되면서 다이아몬드가 노출되고 그것이 하천에 의해 운반되어 퇴적물과 함께 쌓인 것이다.

특히 킴벌라이트 파이프는 '강괴剛塊 지대'라고 불리는 곳에 집중돼 있다. 강괴 지대가 다른 지대에 비하여 차갑고 단단하게 굳어 있어 균열이 땅 속 깊은 곳에 도달하는 경우가 많기 때문이다. 바로 이 킴벌라이트 파이프가 집중적으로 매장되어 있는 곳이 아프리카 대륙이다.

다이아몬드가 뭐길래!
블러드 다이아몬드

해마다 다소 변동은 있지만 다이아몬드는 아프리카 보츠와나에서 가장 많이 생산된다. 캐나다 북부에서 다이아몬드가 발견된 이후 캐나다도 다이아몬드의 세계적인 생산지가 되었다. 캐나다는 세계에서 세 번째로

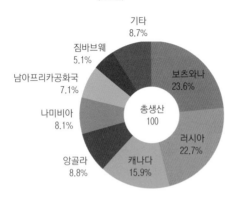

다이아몬드 주요 생산국의 생산량
(2012년)

기타
8.7%

짐바브웨
5.1%

남아프리카공화국
7.1%

나미비아
8.1%

앙골라
8.8%

캐나다
15.9%

러시아
22.7%

보츠와나
23.6%

총생산
100

다이아몬드 생산량이 많은 나라다. 캐나다, 러시아, 오스트레일리아를 제외하면 거의 대부분 아프리카 대륙에서 생산되며 남아프리카공화국, 보츠와나, 나미비아를 비롯해 앙골라, 콩고민주공화국, 시에라리온은 다이아몬드 주산지이다. 그러나 아이러니하게도 아프리카는 "가진 게 많아서 가난한 땅"으로 묘사되기도 한다. 가진 게 많은데 왜 가난할까?

시에라리온, 라이베리아, 앙골라, 콩고민주공화국은 '분쟁 다이아몬드conflict diamond' 또는 '블러드 다이아몬드blood diamond'가 생산되는 지역으로 악명이 높다. 이들 지역에서 끊이지 않는 내전은 부족·인종 분쟁을 넘어 다이아몬드라는 '자원'을 둘러싼 분쟁으로 비화되고 있다. 그렇다면 왜 '분쟁 다이아몬드' 또는 '블러드 다이아몬드'란 말이 생겨난 것일까? 다이아몬드가 정부군과 반군 사이 분쟁에서 자금 조달 목적으로 팔려 나가기 때문이다. 세계가 이러한 블러드 다이아몬드에 주목한 것은 서아프리카 시에라리온에서 내전이 발생하면서부터다.

1930년대 서아프리카에 위치한 시에라리온에서 다이아몬드가 발견된 이후 수많은 사람이 다이아몬드 원석을 캐기 위해 이곳으로 몰려들었다. 1991년 시작되어 2002년까지 10년간 지속된 시에라리온 내전 당시 반군 조직 '혁명연합전선RUF'은 반대 진영 주민의 손목과 발목을 자르는 만행을 저질러 세계를 공포에 질리게 했다. 다이아몬드는 시에라리온의 추악한 내전을 지원하는 데 사용되었는데, 반군은 주민이 다이아몬드 생산지를 떠나도록 위협하려고 사지를 절단하는 행위를 서슴지 않았다. 이 내전 기간 동안 약 20만 명이 사망하고, 25만 명의 여성이 유린당했으며, 7000명의 소년병이 양성되었고, 4000명의 사지가 절단되었다.* 또 인구의 3분의 1인 200만 명이 난민으로 전락했다.

하지만 유엔 차원에서 제재가 이루어진 첫 번째 대상은 시에라리온이 아닌 앙골라였다. 1961년 시작된 앙골라 내전은 2002년 막을 내릴 때까지 50만 명의 목숨을 앗아갔다. 당시 유니타UNITA 반군 진영은 앙골라 다이아몬드 생산량의 60~70퍼센트를 장악했고, 이를 통해 확보한 자금으로 무장 투쟁을 지속했다. 이에 따라 유엔은 1998년 앙골라 다이아몬드에 대한 금수 조치**를 내렸다.

콩고민주공화국의 내란 역시 다이아몬드를 둘러싼 재앙이다. 앙골라와 나미비아, 짐바브웨는 콩고민주공화국을 보호한다는 명분을 내세워

● 아프리카에서는 손목을 도끼로 내리치는 끔찍한 행위가 자행된다. 이는 벨기에가 식민지 콩고에서 다이아몬드를 포함한 자원을 수탈하고 현지인의 저항을 억누르려고 손목을 자른 데서 비롯되었다. 즉, 사지절단은 식민지 유산의 일부다. 국제 인권감시기구 '휴먼라이츠워치Human Right Watch'가 펴낸 한 보고서에 따르면, 손목 절단은 "시에라리온 10년 내전에서 가장 잔혹하고 집중적인 인권 침해 행위"다. 서아프리카의 작은 나라에서 벌어진 내전이 전 세계인의 눈길을 끈 것도 그때의 잔혹상이 언론보도로 널리 알려졌기 때문이다.

●● 특정 국가와 직접적인 교육·투자·금융거래 등 모든 부문의 경제 교류를 중단하는 조치로 엠바고embargo라고도 한다. 대개 정치적인 이유로 특정 국가를 경제적으로 고립시키기 위하여 사용한다.

다이아몬드를 둘러싸고 벌어진 시에라리온 내전은
어린 소년소녀들까지 희생양 삼은 참혹한 전쟁이었다.

군대를 파견하고, 부룬디, 르완다, 우간다는 반군을 지원하기 위해 군대를 파견하였다. 서부 콩고민주공화국의 킨샤사 일대의 다이아몬드 생산지는 전란에 휩싸여 있으며 짐바브웨와 르완다가 남부에서 콜탄 광산을 둘러싸고 교전 중이다.

라이베리아의 경우, 1989년 시작된 내전 사태가 2003년 막을 내릴 때까지 적어도 20만 명이 목숨을 잃었고, 100만 명 이상의 난민이 발생했다. 내전 와중이던 1997년 대통령에 오른 군벌 출신 찰스 테일러는 블러드 다이아몬드를 통해 확보한 자금을 바탕으로 자국은 물론 시에라리온 반군 진영에 무기를 제공하고 군사 훈련을 지원하기도 했다.

이들 국가와 달리 보츠와나는 세계 최대의 다이아몬드 생산지임에도 전란에 휩싸이지 않은 모범적 국가다. 보츠와나 국민의 25퍼센트가

다이아몬드 잔혹사를 고발하다

> 시에라리온과 우리가 가진 다이아몬드가 무슨 상관인지는 거의 알려지지 않았
> 네…… 여기에 마약 무역이 있네. 우리는 마약으로 인해 죽네. 저기에서, 그들은
> 우리가 산 마약으로 죽네. 다이아몬드, 체인……

앞에 인용한 노랫말은 미국의 가수 카니예 웨스트Kanye West의 노래 〈시에라리온 다
이아몬드 Diamonds from Sierra Leone"의 가사다. 이 노래는 시에라리온에서 일어난 비극
을 폭로한다. 서구에 시에라리온의 이야기가 알려지면서 이런 움직임은 계속됐다. 에
드워즈 즈윅 감독이 2007년에 만든 영화 〈블러드 다이아몬드〉 역시 '내전과 소년병,
난민과 용병, 그리고 무기 밀매와 다이아몬드'까지, 아프리카 내전의 모든 비극적 요
소를 고스란히 담고 있다. 희귀한 다이아몬드를 손에 넣으려는 노회한 용병과 소년병

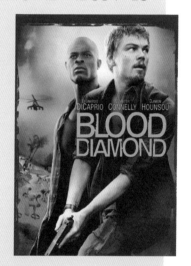

으로 끌려간 아들을 탈출시키려는 안타까운 부
정을 그린 이 영화의 무대는 1999년 당시 내전
이 불을 뿜던 시에라리온이다. 이 영화는 다이
아몬드 산업의 냉정하고 잔혹한 역사를 되돌아
보게 한다. 당시 영화가 상영되었을 때 세계적
인 다이아몬드 회사들은 영화로 인해 자사 이미
지가 손상되고 판매에 타격을 입지 않을까 전전
긍긍했다고 한다.

시에라리온은 영국과 미국의 해방 노예들이 귀
향해 세운 작은 나라다. 세계에서 세 번째로 큰
다이아몬드인 '시에라리온의 별'이 발견되면서
이 작은 나라는 비극의 급물살을 탔다. 다이아

몬드를 둘러싸고 벌어진 내전은 20세기 가장 잔혹했던 전쟁으로 손꼽힌다. 비록 지금
내전은 종식됐지만 '아프리카의 킬링필드'라 불렸던 시에라리온은 여전히 상처와 공
포 속에 있다.

'블러드 다이아몬드'를 생산하는 국가의 낮은 삶의 질

	시에라리온	콩고민주공화국	앙골라
UN의 인간개발지수HDI 순위(전체 187개국)	183	186	149
1인당 국민총소득GNI(달러)	1,815	444	6,323
인구	610만	6,750만	2,150만
기대수명(연령)	45.6	50.0	51.9
유아사망률*	182	146	164
성인 문자해득률(퍼센트)	43.3	61.2	70.4
주요 수출품	다이아몬드, 코코아, 커피, 생선	다이아몬드, 구리, 커피, 코발트, 석유, 콜탄, 주석	다이아몬드, 석유, 미네랄, 생선, 커피, 목재

● 출생한 1,000명의 유아 중 생후 1년 이내에 사망한 유아의 수를 말한다.

자료: 유엔인간개발보고서, 2014년

광산업에 종사하며 아프리카인의 평균 생활수준을 상회하는 삶을 사는 데 다이아몬드가 큰 기여를 하고 있다. 지금은 앙골라, 라이베리아, 시에라리온의 전쟁은 끝났고 콩고민주공화국에서도 분쟁이 줄어들고 있다. 그러나 분쟁 다이아몬드 문제는 여전히 사라지지 않고 있다. 서아프리카 코트디부아르의 반군이 차지한 지역에서 채굴된 다이아몬드가 국제 다이아몬드 시장에서 거래되고 있으며, 라이베리아의 분쟁 다이아몬드 또한 이웃 국가로 밀수되어 합법적인 다이아몬드로 위장된 채 수출되고 있다.

블러드 다이아몬드가 생산되는 지역인 앙골라, 시에라리온, 콩고민주공화국, 라이베리아는 내전으로 인해 삶의 질이 세계 최하위에 머물러 있다. 오늘도 아프리카의 많은 사람은 다이아몬드를 찾는 데 혈안이 되어 있을지 모른다. 다이아몬드는 아프리카의 축복이 아니라 저주가 된 것이다.

다이아몬드 가공 중심지로 우뚝 선 벨기에 앤트워프

세계 제1의 다이아몬드 가공 도시, 앤트워프

다른 무역과 마찬가지로 다이아몬드 무역 역시 가난한 개발도상국과 부유한 선진국 간에 이루어지고 있다. 서유럽 중심에 있는 작은 나라 벨기에의 도시 앤트워프는 다이아몬드 가공 산업뿐만 아니라 다이아몬드 무역의 중심지로 유명하다. 앤트워프는 15세기 이후 600년 이상 세계

세계 제1의 다이아몬드 가공 도시
앤트워프

유럽과 벨기에

핀란드
노르웨이
스웨덴
에스토니아
러시아
라트비아
리투아니아
벨라루스
앤트워프
아일랜드
영국
독일
폴란드
우크라이나
벨기에
룩셈부르크
체코
슬로바키아
몰도바
프랑스
스위스
오스트리아
헝가리
루마니아
슬로베니아
크로아티아
유고슬라비아
흑해
모나코
이탈리아
보스니아
불가리아
헤르체고비나
마케도니아
에스파냐
그리스
터키
포루투갈

다이아몬드 무역의 중심지 역할을 해오고 있다. 다이아몬드 원석의 약 80퍼센트, 가공 다이아몬드의 50퍼센트, 그리고 공업용 다이아몬드의 40퍼센트가 앤트워프에서 거래된다. 제2차 세계대전 이전에는 네덜란드 암스테르담이 제1의 다이아몬드 가공 도시였으나, 독일 침공으로 이주한 유대인이 앤트워프에 자리를 잡으면서 앤트워프가 제1의 다이아몬드 가공 도시가 되었다. 전 세계에는 28개의 다이아몬드 거래소가 있는데, 그중 무려 4개가 이 앤트워프에 위치한다.

다이아몬드는 원석 그 자체도 매우 가치가 있지만, 다이아몬드를 더 빛나게 하고 더 가치 있게 하는 것은 뭐니 뭐니 해도 가공 기술이다. 다이아몬드 원석은 가공 과정을 거쳐야 비로소 귀중품으로 변신한다. 가공 다이아몬드에 가장 좋은 품질보증 표시는 앤트워프에서 커팅과 연마를 했다는 뜻의 "컷 인 앤트워프Cut In Antwerp"이다. 다이아몬드를 구입했는데, 이 인증서를 받았다면 광도를 최대한 살려 완벽하게 세공된 다이아몬드를 구입했다는 뜻이다.

그렇다면 벨기에 앤트워프는 어떻게 세계 최대 다이아몬드 원석 가공과 무역의 중심지가 되었을까? 유대인 자본 덕분이기도 하지만, 벨기에가 식민 지배를 했던 지금의 콩고민주공화국에서 1900년대에 큰 다이아몬드 광산이 발견되었기 때문이다. 벨기에는 그들의 식민지 콩고민주공화국을 비롯하여 시에라리온 등지에서 생산된 다이아몬드 원석을 가져와 일찍이 가공하기 시작했다. 이것이 오늘날 벨기에 앤트워프가 다이아몬드 가공의 중심지가 된 이유이다. 이렇게 아프리카 빈곤의 역사는 서구 제국주의 역사와 연결된다.

앤트워프에서 다이아몬드 가공업을 지배하고 있는 것은 유대인이다. 앤트워프 유대인 지구에 살고 있는 유대인들은 대부분 다이아몬드와 관련된 일을 하고 있다. 유대인의 거대한 자본력과 상술이 없었다면 앤트워프는 세계 다이아몬드 시장을 좌지우지하는 도시가 될 수 없었을 것이다.

그렇다면 유대인은 언제 앤트워프에 유입된 것일까? 16세기 초 포르투갈의 유대인이 대거 앤트워프로 이동했고 19세기 말 중동부 유럽에 거주하던 유대인이 다시 앤트워프로 대거 유입되는데, 이들은 가지고 있던 재력과 상술을 모두 다이아몬드 산업에 쏟아 부었다.

앤트워프에 기반한 다이아몬드 회사는 주로 다이아몬드 원석과 가공 다이아몬드를 사고 파는 가족 기업이다. 이곳에서 일하는 유대인은 대개 할아버지 때부터 시작한 가업을 계속 잇고 있다. 또한 이들은 이스라엘의 텔아비브에 있는 다이아몬드 회사와 무역을 하기도 한다. 앤트워프에서는 여전히 유대인이 대부분의 다이아몬드 가공 및 무역을 지배하고 있지만, 최근에는 인도인이 시장을 잠식하고 있다. 레바논인 역시 성장 동력이다. 앤트워프에 사는 인도 상인은 다이아몬드 커팅과 연마를 인도로 하청을 준다. 인도에서는 훨씬 싸게 다이아몬드의 커팅과 연마를 진행할 수 있기 때문이다.

다이아몬드 가공 산업의 입지, 무엇이 중요할까?

앞에서 살펴보았듯이 다이아몬드 원석이 생산되는 지역은 특정한 지질적 조건을 갖추어야 한다. 그러나 이러한 다이아몬드 원석을 가공하는 산업의 입지는 자연적 조건보다 인문적 조건과 더 밀접하게 관련된다. 전 세계적으로 다이아몬드 가공 산업이 발달한 지역은 다이아몬드가 산출되는 지역뿐만 아니라 다이아몬드를 주로 소비하는 지역과도 차이가 크다. 오늘날 다이아몬드 가공 산업을 주도하는 지역은 벨기에의 앤트워프(고급 다이아몬드 세공), 인도의 수라트(주로 작은 다이아몬드의 저급 세공, 최근 고급 다이아몬드 세공), 이스라엘의 텔아비브(작은 다이아몬드의 저급 세공과 중간 크기의 다이아몬드 중급 세공), 미국의 뉴욕(고급 다이아몬드 세공) 그리고 러시아(자국 내 산출 다이아몬드 세공)다. 흥미로운 것은 러시아를 제외하면, 다이아몬드 가공은 다이아몬드 원석이 전혀 생산되지 않는 국가에서 이루어진다는 점이다.

모든 다이아몬드 원석은 드비어스의 자회사인 '다이아몬드 무역회

다이아몬드 원석과 가공 다이아몬드

사'DTC'를 통해 공급된다. 다이아몬드는 거의 무게가 나가지 않기 때문에 다이아몬드 원석을 가공 지역으로 운송하는 데 드는 비용은 매우 저렴하다. 마찬가지로 가공 지역에서 세공한 다이아몬드를 주요 소비 시장으로 운송하는 데 드는 비용 역시 저렴하다. 따라서 다이아몬드 산업

다이아몬드 세공과 4C

다이아몬드 원석, 산업용 다이아몬드, 다이아몬드 주얼리 등을 생산·판매하는 기업 드비어스는 1939년 다이아몬드의 품질을 판단하는 감별 기준인 '4C(Color, Carat, Cut, Clarity)'를 고안했다. 드비어스는 이 4가지 요소를 기준으로 다이아몬드의 가치를 평가한다. '4C'는 오늘날에도 다이아몬드 업계에서 표준 감정 기준으로 통용되고 있다.

- **색상**color – 다이아몬드는 불순물에 따라 색상이 다르다. 가장 흔한 불순물인 질소를 포함하면 노란색이 되고, 붕소를 함유하면 청색을 띄게 된다. 대다수의 다이아몬드는 노란색에서 옅은 갈색이다. 화이트 다이아몬드는 무색에 가까울수록 빛이 잘 투과되어 찬란한 무지갯빛을 발하며, 매우 가치 있는 것으로 평가된다.
- **투명도**clarity – 거의 모든 다이아몬드는 비결정 탄소의 미세한 자국(결점)을 포함한다. 이는 대부분 육안으로 식별되지 않는다. 이러한 미세한 자국은 자연의 지문이며, 다이아몬드를 더욱 독특하게 만든다. 그러나 미세한 자국이 적을수록 다이아몬드 원석은 더 가치가 있다.
- **캐럿**carat – 다이아몬드의 무게를 뜻하며 무게가 무거울수록 다이아몬드의 가치가 올라간다. 캐럿이라는 말은 캐럽 나무 씨앗에서 유래했다. 캐럽 나무 씨앗은 무게가 서로 균등하다. 현재 1캐럿은 0.2그램으로 정해져 있다.
- **컷**cut – 컷에 따라 다이아몬드의 반짝임이 결정된다. 다이아몬드를 좋은 비율로 자르면, 빛이 한 면에서 다른 면으로 반사되며, 그 후 원석의 꼭대기를 통해 발산된다. 만약 컷이 너무 깊거나 얕으면, 빛은 반사되기 전에 빠져나간다. 컷팅 후 다이아몬드는 광택을 내게 된다.

50pts	75pts	80pts	1.00ct	1.25cts	1.50cts	2.00cts
5.2mm	5.8mm	6mm	6.5mm	7mm	7.4mm	8.2mm

다이아몬드의 반짝임을 좌우하는 컷팅과 캐럿 당 다이아몬드의 크기

에 있어서 운송비는 크게 영향을 미치지 않는다.

다이아몬드 가공 산업은 대개 다음의 세 가지 요건을 갖춘 특정 지역에서 발달한다.

첫째, 다이아몬드 가공 산업은 매우 전문화된 장인, 즉 숙련된 노동력을 요구한다. 숙련된 다이아몬드 연마공은 다이아몬드의 진정한 아름다움을 드러낸다. 이러한 다이아몬드 가공 기술과 지식은 수세기 동안 세대를 거치며 도제식으로 전수되고 있다. 만약 다이아몬드 연마공이 실수라도 한다면, 다이아몬드뿐만 아니라 그의 명성에 금이 가게 된다.

둘째, 다이아몬드 가공 산업은 다이아몬드 거래소, 다이아몬드 은행, 보안 시설 등과 같은 전문화된 하부 구조를 요구한다. 예를 들어, 다이아몬드 은행은 앤트워프와 뉴욕의 다이아몬드 가공 산업에 금융적인 지원을 해 준다. 다이아몬드 은행은 다이아몬드 가공업자가 비싼 다이아몬드 원석을 구매할 수 있도록 낮은 이자로 돈을 빌려준다. 다이아몬드 가공업자는 가공한 다이아몬드를 더 비싼 가격에 팔아 은행에서 빌린 이자와 원금을 갚는다.

마지막으로, 다이아몬드 가공 산업은 오랜 전통을 지닌 지역에서 발달했다. 앤트워프, 수라트, 런던, 뉴욕, 텔아비브의 전통을 잇는 다이아몬드 산업과 관련된 공동체는 서로 좋은 관계를 유지해 오고 있다.

다이아몬드 가공의 또 다른 중심지, 이스라엘

이스라엘 텔아비브는 소규모와 중간 규모의 다이아몬드를 전문화하여 가공한다. 소수의 대기업이 80만여 명의 노동자를 고용하고 있으며, 최근 하이테크 기술을 다이아몬드 가공에 도입하여 기술력의 우위를 점하고 있다. 이곳에서는 다이아몬드 원석과 가공석을 모두 취급한다. 명실상부한 세계 다이아몬드 거래의 중심지다. 중세 시대에 유대인은 직업 선택에 제한을 받았다. 그들이 선택할 수 있었던 직업 중 하나가 다이아몬드 거래업이었다. 전 세계에 퍼져 있던 유대인 간 다이아몬드 거래가 이루어지면서 다이아몬드 산업은 크게 성장했다. 특히 20세기 초 벨기에 앤트워프 등에서 정교한 다이아몬드 가공 기계를 만든 유대인이 이스라엘로 이주했는데, 이것이 이스라엘 다이아몬드 산업의 뿌리다. 그러나 1987년 인도의 값싼 노동력이 유입되면서 이스라엘은 소규모 다이아몬드를 연마하는 분야에서 인도에 주도권을 빼앗기게 됐다. 인도의 다이아몬드 가공 기술이 발달함에 따라 앤트워프와 텔아비브는 인도에 밀리는 실정이다. 현재 이스라엘은 인도의 값싼 노동력과의 경쟁에서 이기기 위해 높은 기술력으로 값싼 노동력을 대체하고 있다.

이스라엘 텔아비브에 위치한 월드 다이아몬드 센터

다이아몬드 산업의
떠오르는 신흥강국들

인도, 다이아몬드 가공의 새로운 중심지

최근 인도는 다이아몬드 가공과 무역의 새로운 중심지로 떠오르고 있다. 인도는 원래 다이아몬드가 처음 발견된 곳이었다. 그러나 17세기 이후 영국의 식민통치로 다이아몬드가 급속히 유출되면서 다이아몬드가 전혀 나지 않는 불모지가 되었다. 그러자 인도는 다이아몬드 가공 산업으로 눈을 돌렸다. 20세기 초 많은 인도인이 다이아몬드 가공 기술을 배우기 위해 벨기에 앤트워프로 떠났다. 앤트워프에서 인도인은 유대인으로부터 현대적인 연마 기술을 배웠다. 그러나 인도인은 뛰어난 연마 기술과 낮은 임금을 무기로 앤트워프의 저가 다이아몬드 시장을 서서히 장악하기 시작했다. 그러다 점차 고가 다이아몬드 가공 시장에도 관심을 가지기 시작했다. 이제 인도는 세계에서 다이아몬드 원석을 가장 많이 가공하는 나라가 되었다. 액수로만 전 세계 유통량의 무려 60퍼센트를 차지하며 무게로는 85퍼센트, 원석 개수로는 92퍼센트에 달한다. 약 400만 명의 인구가 사는 도시인 인도 북서부 구자라트 주의 수라트 Surat에는 100만 명의 연마공이 밀집해 있고, 이 도시는 세계 다이아몬드 가공 산업의 허브가 되었다. 수라트 교외에서 발달한 다이아몬드 가공 산업은 주로 가내수공업 형태로 조직되어 있다. 이곳에 살고 있는 어린이는 태어나면서부터 다이아몬드 가공 장면을 보면서 자란다. 심지어 학교에서도 다이아몬드 가공 기술을 배운다. 연마공은 다이아몬드를 하나 세공할 때마다 약 40센트를 받는다. 이 정도의 임금은 인도 내 다른

다이아몬드 원석을 가공하는 인도 연마사.
최근 다이아몬드 컷팅 기계 발달로 다이아몬드 가공 산업은 더 활기를 띠고 있다.

일에 비해 매우 높은 편이다. 즉, 유럽에서 다이아몬드를 가공하는 비용에 비해 매우 싼 값에 다이아몬드를 가공할 수 있는 것이다.

이들 다이아몬드 가공 공장은 영국 드비어스의 자회사인 다이아몬드 무역회사, 벨기에의 앤트워프 또는 이스라엘 텔아비브의 무역업자를 통해 다이아몬드 원석을 구매한다. 인도의 세공업자는 대개 앤트워프와 텔아비브에 친척이 있으며, 그들을 통해 주문을 받고 다이아몬드를 가공하며, 나아가 그들로부터 무역 기술을 배운다.

세계 다이아몬드 가공과 무역의 중심지인 앤트워프의 주인도 더 이상 유대인이 아니다. 인도인이 앤트워프의 전체 다이아몬드 매출 중 약 60~70퍼센트를 차지할 만큼 부상했기 때문이다. 이에 따라 요즘 인도인에게 일자리를 빼앗긴 유대인의 이탈이 크게 늘었다. 인도인은 이제 원석을 깎아 나석을 만드는 단순 가공을 넘어 최종 상품인 주얼리 비즈니스로 영역을 확대하고 있다. 인도인은 수라트에서 원석을 깎고, 앤트워프에서 나석을 판매하며, 뉴욕에서 주얼리 제품을 파는 등 전 세계 다이아몬드 산업을 주름잡고 있다.

뉴욕과 두바이, 다이아몬드 거래의 중심지

미국 뉴욕은 세계 경제와 패션의 중심지다. 다이아몬드의 경우도 예외일 순 없다. 뉴욕은 고급 다이아몬드 가공의 중심지일 뿐만 아니라 명실상부한 다이아몬드 주얼리 거래의 중심지이다. 미국 뉴욕의 5번가와 6번가 사이 47스트리트는 1941년 이후 형성된 일명 다이아몬드 거리로 주요 다이아몬드가 거래되는 곳이다. 미국으로 수입되는 다이아몬드의 90퍼센트가 이곳을 거치며, 무려 2600개 이상의 상점에서 다이아몬드가 거래된다.

아랍에미리트UAE 두바이는 중동의 뉴욕으로 불린다. 두바이는 다이아몬드 교역의 떠오르는 샛별이다. 두바이에서는 대개 가공 다이아몬드가 수입·판매되지만, 다이아몬드 원석의 수입·수출도 이루어진다. 두바이는 지금까지 석유와 천연가스를 판 오일 달러로 성장했지만, 점점 다이아몬드를 위한 허브로서 명성을 얻고 있다.

다이아몬드 산업과 관련된 회사는 대개 벨기에 앤트워프에 본사를 두지만, 최근 다이아몬드 가공은 하청을 통해 인도에서 많이 이루어지고 있고 다이아몬드의 원활한 무역과 아시아 지역 공략을 위해 두바이에 진출한 회사도 많다. 두바이는 다이아몬드 무역업자를 위해 50년 세금 면제라는 파격 혜택을 제공하고 있다. 따라서 많은 다이아몬드 소매기업이 두바이에 진출하고 있다.

특히 2004년 두바이 다이아몬드 거래소Dubai Diamond Exchange가 문을 열었는데 아랍을 중심으로 다이아몬드 원석과 가공 다이아몬드를 무역한다. 알마스Almas(아랍어로 '다이아몬드'를 뜻한다) 타워를 건설해 많은 다이아몬드 기업을 입주시키기도 했다.

왜 그렇게 비쌀까?
가격 유지의 비밀

다이아몬드는 산출되는 지역이 매우 한정되어 있어 희소성을 지닌다. 수억 년 전에 형성된 지구 심층의 다이아몬드는 극히 일부만이 지표면에 노출되고, 채굴되더라도 약 20퍼센트만이 보석으로서 가치가 있다. 이러한 희소성뿐만 아니라 다이아몬드의 성질, 가공했을 때 나타나는 아름다움, 그리고 약혼이라는 의식이 가진 의미 등이 반영되어 다이아몬드의 가격은 매우 높게 형성되어 있다. 그렇다면 다이아몬드의 높은 가격은 비단 희소성과 다이아몬드가 가지는 고유한 가치에만 기인하는 것일까?

다이아몬드 원석 1캐럿(0.2그램)을 캐내는 데 드는 비용은 고작 100원에 지나지 않는다. 하지만 이것이 가공되어 보석으로 거듭나면 다이아몬드 1캐럿 값은 무려 1500만 원에 이른다. 최근 다이아몬드 원석 생산이 계속해서 늘고 있음에도 불구하고 여전히 다이아몬드는 값비싸다. 다이아몬드 가격의 비밀은 무엇일까?

다이아몬드 하면 필연적으로 만나게 되는 기업이 있다. 바로 영국과 남아프리카공화국을 기반으로 하고 있는 드비어스다. 드비어스는 전 세계 다이아몬드 원석의 3분의 2를 무역하는 '다이아몬드 무역회사'를 소유하고 있다. 드비어스는 자회사 다이아몬드 무역회사에 의해 운영되는 중앙판매기구cso를 통해 전 세계 다이아몬드 원석의 80퍼센트를 구매하여 높은 가격을 안정적으로 유지할 수 있었다. 드비어스에 의해 운영되는 이 기구는 공급이 증가하거나 수요가 감소할 때 다이아몬드를 사들여 가격이 오를 때까지 다이아몬드를 창고에 비축한다. 다이아몬드 산업의 유일한 공급자로서 마음대로 공급을 조절하며 가격을 정하는 것이다. 이런 식으로 다이아몬드의 가격은 50년 이상 높게 유지되어 왔다.

그러나 드비어스의 통제를 받지 않는 국가가 나타나면서 세계 시장

뉴욕 47번가 다이아몬드 거리

에서 다이아몬드 가격이 하락하기 시작했다. 러시아가 다량의 다이아몬드를 드비어스보다 10퍼센트 낮은 가격으로 일본 시장에 방출한 것이다. 드비어스는 할 수 없이 가격을 계속해서 통제하기 위해 중앙판매기구를 통해 다이아몬드 원석을 가능한 한 더 많이 구매하여 비축하였다.

　다이아몬드의 가격은 쉽게 떨어지지 않는다. 다이아몬드 시장에 카르텔이 만연하기 때문이다. 즉 시장을 주도하는 드비어스와 몇몇 업체가 연합해 가격 형성을 주도하는 것이다. 그래서 일반 소비자는 다이아몬드 원석이 많이 채굴되고 있다는 뉴스를 들어도 보석 가게에서 비싼 다이아몬드 가격에 놀라 발걸음을 돌려야 하는 것이다. 이러한 카르텔이 지속되는 한 다이아몬드는 영원히 높은 가격을 유지할 것이다.

착한 다이아몬드를 찾아서

킴벌리 협약, 블러드 다이아몬드 추방을 선언하다

'블러드 다이아몬드'는 다이아몬드 채굴을 위한 강제 노역과 어린이 노동을 포함한 각종 인권 유린, 무분별한 광산 개발에 따른 환경 파괴 등 많은 문제를 초래했다. 이에 따라 2000년 12월 1일 열린 유엔 총회에서는 무장 분쟁과 다이아몬드 원석 불법 유통의 연결 고리를 끊는 것이 무력 분쟁 예방을 위해 중요하다고 지적되었고, 그와 관련된 결의안이 만장일치로 채택되었다. 당시 결의안에서 유엔은 블러드 다이아몬드를 "합법적이고 국제적으로 인정받는 정부에 대항한 무장 세력이 통제하는 지역에서 생산된 것으로, 유엔 안보리의 결정이나 합법 정부에 맞서기 위한 무장 활동의 자금원으로 활용되는 것"으로 규정했다. 하지만 국제사면위원회Amnesty International와 글로벌 위트니스Global Witness *와 같은 국제 인권 단체를 중심으로 "각종 인권 유린이 자행되는 광산에서 채굴된 다이아몬드도, '핏빛'으로 규정되어야 한다"고 주장했다.

블러드 다이아몬드에 대한 여론이 악화되고 불매 운동이 거세지면서 다국적 다이아몬드 업계 중심의 자정 노력도 시작되었다. 2000년 5월 남아프리카공화국 킴벌리에서 대책 회의가 열렸는데, 여기서 '킴벌리 프로세스'가 도입되었다. 아프리카의 시에라리온, 앙골라, 콩고민주공화국 등 분쟁지역에서 생산된 다이아몬드는 2002년 이전까지만 해도 전 세계 부유층을 대상으로 판매되었고 소비자는 자신이 구매한 다이아몬드에 대한 아무런 정보도 얻을 수가 없었다. 2003년 1월 공식 발효된 킴벌리 프로세스는 블러드 다이아몬드가 국제시장으로 진입하는 것을 차단하기 위해 다이아몬드 원산지를 추적할 수 있도록 했다. 현재 킴벌리 프로세스에 공식적으로 참여한 나라는 우리나라를 포함해 모두 75개국에 이른다. 킴벌리 프로세스에 따라 다이아몬드 소비자는 자신의 소비가 불법 무기 및 인권 유린과 별개임을 보증받고, 기업은 생산과 유통 과정에 윤리적으로 문제가 없음을 증명하게 된다. 이

● 국제사면위원회는 인권과 인간의 존엄성 회복을 위해 노력하는 국제적인 단체다. 이 단체는 정의, 공정성, 자유, 진리가 거부되는 곳에서 개인을 보호하는 데 목적을 둔다. 글로벌 위트니스는 특히 분쟁과 부패에 자금을 대는 데 자원이 사용되는 곳에서, 자원 착취, 환경 파괴, 인권 남용 간의 연계를 조명하여 실제적인 변화를 초래하기 위한 캠페인을 한다.

드비어스 사 앞에서 블러드 다이아몬드 보이콧 시위를 펼치는 사람들

제 전쟁, 범죄와 관계없다고 인증된 다이아몬드만 거래할 수 있게 한 것이다.

전 세계 다이아몬드 유통을 거의 독점하다시피 하고 있는 드비어스 역시 블러드 다이아몬드를 취급하는 것이 소비자의 보이콧을 유발하지 않을까 우려하기 시작했다. 결국 드비어스는 블러드 다이아몬드를 취급하지 않겠다는 선언을 했다. 이처럼 국제적인 노력의 결과 모든 유명 보

킴벌리 협약을 준수하여 생산한 다이아몬드를 보증하는 로고와 킴벌리 프로세스 보증서

석상은 블러드 다이아몬를 취급하지 않는다는 광고 문구를 전면에 내세우고 있다.

다이아몬드는 사랑의 증표라 여겨져 소비자가 일생에 한 번은 구입하는 상품이다. 이 특별한 선물이 고통의 산물이기를 원하는 사람은 없을 것이다. 어느 순간부터 서구의 소비자는 자신이 사랑하는 여인의 손가락에 끼워 줄 결혼반지가 인권 유린에 의한 블러드 다이아몬드라는 것을 자각하기 시작했다. 이들은 시에라리온을 포함한 아프리카산 다이아몬드 생산 현장의 참상을 알게 된 후, 이런 곳에서 생산되는 다이아몬드로 만들어지는 반지를 사지 않겠다고 결심하게 되었고, 결국 가격은 조금 비싸지만 '분쟁 없는 곳conflict free'에서 생산된 다이아몬드만을 취급하는 보석 가게를 찾아 나섰다. 브릴리언트 어스Brilliant Earth라는 보석 회사는 수익의 5퍼센트를 아프리카 어린이 교육 사업을 포함한 각종 공익사업에 지출하며, 아프리카산 다이아몬드 원석을 철저하게 배제하고 있다.

우리는 어떤 선택을 해야 할까?

블러드 다이아몬드에 대한 감시와 규제는 갈수록 엄격해지고 있다. 그러나 여전히 블러드 다이아몬드는 암암리에 유통된다. 킴벌리 프로세스만으로 다이아몬드 산업에서 벌어지는 인권 남용을 뿌리 뽑을 수는 없다. 어린이를 포함한 광부는 여전히 석면 먼지를 마시며 숨을 쉬고, 다이아몬드 광산 개발로 지역 주민은 보금자리를 떠나고 있다. 블러드 다이아몬드를 이 세상에서 추방하기 위한 캠페인이 여러 곳에서 일어나고 있다. 국제사면위원회Amnesty International와 글로벌 위트니스Global Witness는 2004년에 다이아몬드 무역 회사의 블러드 다이아몬드 거래를 멈추기 위해 설문조사를 실시했다. 그들이 얼마나 약속을 이행하고 있는지 파악하기 위함이었다. 불행하게도 일부의 노력은 있었지만, 많은 소매업자가 기대에 미치지 못했다. 이들 중 단지 18퍼센트만이 블러드 다이아몬드에 대한 정책 문서를 가지고 있었다. 다이아몬드 소매업자는 블러드 다이아몬드를 판매하지 않는다는 보증 시스템을 갖추어야 하며, 그들에게 다이아몬드를 제공하는 공급자가 '분쟁이 없는 다이아몬드conflict-free diamonds'만을 취급하고 있다는 것을 증명해야 한다.

그렇다면 우리는 소비자로서 블러드 다이아몬드의 추방을 위해 무엇을 할 수 있을까? 완전하고 특별한 다이아몬드를 찾고 있다면 생각해야 할 것이 많다. 다이아몬드를 고를 때는 색상, 컷, 투명도, 캐럿이라는 4C를 생각해 보아야 한다. 그러나 이제 다이아몬드를 구입하기 전에 한 가

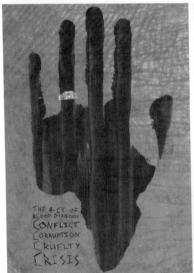

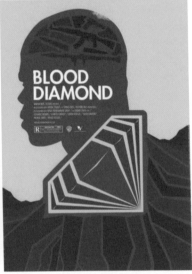

블러드 다이아몬드를 반대하는 다양한 캠페인들

지 'C'를 더 생각해 보아야 하는데, 그것은 바로 '분쟁conflict'을 의미한다. 아프리카 분쟁에 자금을 제공하는 데 악용되는 다이아몬드 대신 '분쟁이 없는' 다이아몬드를 선택해야 한다.

소비자야말로 진정한 변화를 가져올 수 있다. 다이아몬드 무역업자가 블러드 다이아몬드 또는 분쟁 다이아몬드를 거래하지 않겠다는 약속을 확실히 지키도록 할 수도 있다. 그러기 위해서는 분쟁 없는 다이아몬드의 거래를 요구해야 한다. 즉, 판매원에게 다이아몬드 보증서를 보여 달라고 요구하는 것이다. 앞에서 살펴보았듯이, 블러드 다이아몬드 또는 분쟁 다이아몬드의 무역을 멈추기 위한 국제적인 노력 중에서 대표적인 것이 2003년 발효된 킴벌리 프로세스라는 국제 인증 제도다. 여기에 동참하고 있는 국가는 그들이 취급하는 다이아몬드의 원산지를 철저하게 밝혀야 한다. 즉 거래 시 분쟁이 없는 다이아몬드라는 사실을 기록한 품질 보증서를 함께 제공해야 한다. 보석상은 반드시 이러한 품질 보증서를 제공하는 무역업자로부터 다이아몬드를 구매해야 한다. 그리고 소비자로서 우리는 이러한 킴벌리 프로세스의 보증서를 제공하는 다이아몬드를 소비해야 한다. 그럴 때만이 피 묻은 다이아몬드와 아프리카의 고통을 멈추게 할 수 있다.

세계화, 상품사슬 끝에 선 우리의 선택은?

세계화는 이미 부정할 수 없는 현실이 되었습니다. 그야말로 모든 것이 연결된 세계에 살고 있는 거죠. 앞으로는 더욱 더 그러할 것입니다. 세계 자본주의 경제는 국경을 초월하여 상호의존성을 심화시키며 더욱 빠르게 확대되고 있습니다. 그러나 우리는 일상생활 속에서 이러한 세계화와 세계 자본주의를 쉽게 실감하지는 못합니다.

이 책에서는 세계화와 세계 자본주의라는 추상적인 개념을 실감하기 위해 우리가 일상생활에서 쉽게 접할 수 있는 구체적인 상품을 소재로 삼았습니다. 그리고 세계화로 인해 더욱 더 복잡해지는 상품사슬을 다소 단순화하여 살펴보았습니다. 다이아몬드는 다소 예외일 수 있겠지만, 청바지에서 스마트폰에 이르기까지 일곱 가지 상품은 우리가 일상적으로 소비하는 것입니다. 이들 상품의 복잡한 사슬을 추적하면서 원료를 둘러싼 갈등과 분쟁, 생산 공장에서 벌어지는 노동 착취, 선진국과 개발도상국 간의 불평등, 공정무역과 기업 윤리, 그리고 환경문제와 건강문제에 대한 메시지를 전달하고자 했습니다. 이 책을 통해 상품사슬의 끝에 선 소비자로서 윤리적 소비를 진지하게 생각해 볼 수도 있을 것입니다.

사실상 세계가 하나의 경제권이 되면서 다국적기업이 출현하게 됩니다. 국가의 경계를 초월한 거대 기업들은 상품사슬의 중심에 서 있지요. 상품사슬은 매우 복잡하고 변수가 많아서 이에 관여하는 행위자(국가, 기업, 노동자, 소비자 등)의 관계를 쉽게 파악하기는 어렵습니다. 몇몇 상품은 유통 경로가 단순하지만, 대부분의 글로벌 상품은 복잡한 상품사슬을 가지고 있습니다. 이 책에서 살펴본 상품 이외에도 수많은 상품이 세계적인 브랜드를 달고 우리를 유혹하고 있습니다. 상품의 원산지나 이를 만든 다국적기업만 보면 윤리적으로 아무 문제가 없는 듯합니다. 그러나 하나의 상품은 수많은 행위자 사이의 복잡한 무역이 만든 결과물입니다. 원료를 확보하고 제품을 만드는 과정에서 잔인하고 비도덕적인 행위가 벌어지는 경우가 셀 수 없이 많습니다. 하지만 우리가 물건을 살 때는 그런 과정을 알아볼 길이 없습니다.

우리는 가게나 인터넷 쇼핑몰에서 상품을 구매할 때, 단지 그 소매업체하고만 관계를 맺는다고 생각합니다. 그러나 세계화 시대에 이러한 생각은 피상적일 수밖에 없습니다. 왜냐하면 복잡한 상품사슬을 생각하지 않았기 때문입니다. 즉 그 상품의 제조업체가 어떤 국가에서 어떤 원료를 구입했는지, 어떤 노동력을 사용하였는지 등에 대해 곰곰이 생각해 보지 않았기 때문입니다. 상품사슬의 끝에 서 있는 소비자는 물론 그 중간에서 상품을 유통하는 업체조차도 그러한 실상을 잘 모를 것입니다. 역으로 생각하면, 이렇게 복잡하게 얽힌 상품사슬 속에서 다국적기업이 불공정 행위를 은폐하고, 공정무역이라는 상표를 붙여 거짓 홍보한다 해도 소비자는 알 길이 없을 것입니다.

우리는 대기업이 각종 광고와 홍보를 통해 그 상품에 덧칠한 이미지만을 소비하고 있는지도 모릅니다. 스타벅스에서 커피를 마시면서 커피 열매를 생산하는 노동자의 삶을 떠올리지 못하고, 아이폰을 사용하면서 중국의 폭스콘 공장에서 자살하는 노동자를 떠올리지는 못할 것입니다. 스타벅스에 앉아 마시는 커피 한 잔, 우리 손에 들어온 아이폰은 노동자의 고단한 삶을 드러내지 않으니까요. 어쩌면 우리는 그러한 상품을 소비하면서 마치 미국인이 된 듯한 착각에 빠져들고 있는지도 모릅니다. 이것이야말로 스타벅스, 맥도날드, 애플 등과 같은 다국적기업이 소비자에게 노리는 전략일지도 모릅니다.

이제 아프리카와 아시아의 많은 국가는 정치적으로 더 이상 서구의 식민지가 아닙니다. 그렇다고 서구의 식민 지배가 완전히 청산된 것은 아닙니다. 우리는 여전히 서구의 경제적 지배를 경험하고 있으며, 이는 오히려 더 혹독해졌는지도 모릅니다. 서구가 제3세계의 자원을 착취하기 위해 무력을 동원하면서 시작되었던 제국주의가 이제는 세계 자본주의 경제체제 속에서 더 기묘하고 악랄하게 진행되고 있습니다. 아프리카 여러 국가에서 벌어지고 있는 내전은 마치 종족 간 분쟁인 것처럼 묘사되지만, 실상 자원을 둘러싼 경향이 짙다는 것을 이제 알게 되었습니다. 이러한 자원을 사용하여 상품을 만들고 이윤을 획득하는 서구의 여러 다국적기업은 비판에서 자유로울 수만은 없을 것입니다. 어쩌면 그들이 이 싸움의 원인 제공자일지도 모릅니다.

세계화로 인해 세계는 이른바 지구촌이 되었다고 합니다. 지구가 하나의 마을이란 뜻입니다. 이 단어는 긍정적 이미지가 강합니다. 하지만 상품사슬을 통해 본 지구촌은 꼭 그렇지만은 않습니다. 어느 한쪽(선진국)은 계속해서 부유해지고, 다른 한쪽(개발도상국)은 계속해서 가난해지고 있습니다. 세계화가 지구촌 모든 사람에게 희망의 메시지를 주지 못하고 있는 것은 분명합니다. 어쩌면 그것은 세계 자본주의의 확장, 경제적 세계화의 논리적 귀결인지도 모릅니다. 자유무역으로 인한 경제적 불평등을 극복하기 위한 대안으로 제시된 것이 바로 공정무역과 윤리적 소비입니다. 이를 통해 지나친 이윤 추구와 착취를 일삼는 다국적기업의 횡포를 견제하고자 했지만, 이 역시 기업은 악용하고 있습니다. 이제 다국적기업이 오히려 공정무역을 외치고 있으니 정말로 아이러니한 세상입니다.

그렇다면, 공정무역과 윤리적 소비는 한낱 허구에 불과한 것일까요? 기업은 절대로 스스로 착해지지 않습니다. 착해 보이려고 무단히 애를

쓸 뿐입니다. 상품사슬의 끝에 선 소비자만이 기업을 착하게 만들 수 있습니다. 따라서 소비자의 올바른 선택은 매우 중요합니다. 아직도 공정무역이 뭔지조차 모르는 사람이 있을 것입니다. 요즘은 학교 교과서에서도 공정무역을 다루고, 제법 많은 수의 출판물 및 인터넷 매체도 공정무역에 주목하고 있습니다. 이 책 또한 어쩌면 기존 출판물과 크게 다를 게 없습니다. 그러나 차별 점이 있다면, 구체적인 상품사슬을 통해 이러한 키워드를 자연스럽게 만나게 했다는 점입니다.

이 책을 계기로 세계화와 다국적기업의 실상을 비롯해 공정무역과 윤리적 소비에 대해 다시 한 번 생각해 보고, 나아가 비판적 성찰을 해 볼 수 있는 기회를 얻길 희망합니다. 실로 이 순간에도 뚜렷한 대안은 잘 보이지 않습니다. 하지만 한 번이라도 앞으로의 소비에 대해 진지하게 고민해 본다면 분명 의미가 있다고 생각합니다. 수많은 소비자가 공정무역의 실상에 관심을 갖고 상품사슬에 적극적으로 개입한다면, 그리고 함께 힘을 합쳐 대응한다면 다국적기업도 자신의 상품에 대한 책임을 지려고 노력하지 않을까요?

공정하고 더 나은 세상은 결코 저절로 만들어지지 않습니다. 이 모든 것은 우리의 생각과 실천에 달려 있습니다. 어쩌면 소비자로서 우리는 상품사슬의 끝이 아니라, 시작인지도 모릅니다.

참고문헌

《게임의 기술: 승리하는 비즈니스와 인생을 위한 전략적 사고의 힘》, 김영세, 웅진지식하우스, 2007

《경제지리학》, 이희연, 법문사, 2013

《경영 불변의 법칙》, 알 리스 지음, 김은숙 옮김, 비즈니스맵, 2008

《거꾸로 생각해 봐! 세상이 많이 달라 보일걸》, 홍세화·우석훈·강수돌·강양구·우석균·이상대·김수연·박기범, 낮은산, 2008

《고릴라는 핸드폰을 미워해: 아름다운 지구를 지키는 20가지 생각》, 박경화, 북센스, 2011

《고종, 스타벅스에 가다》, 강준만·오두진, 인물과 사상사, 2005

《공정한 무역, 가능한 일인가?》, 데이비드 랜섬 지음, 장윤정 옮김, 이후, 2007

《굶주리는 세계》, 프란시스 무어 라페 외 지음, 허남혁 옮김, 창비, 2003

《굶주리는 세계, 어떻게 구할 것인가?》, 장 지글러 지음, 양영란 옮김, 갈라파고스, 2012

《글로벌 마케팅 커뮤니케이션》, 돈 슐츠 지음, 김일철 옮김, 북코리아, 2003

《나는 세계일주로 경제를 배웠다》, 코너 우드먼 지음, 홍선영 옮김, 갤리온, 2011

《나는 세계일주로 자본주의를 만났다》, 코너 우드먼 지음, 홍선영 옮김, 갤리온, 2012

《나는 왜 채식주의자가 되었는가》, 하워드 F. 리먼 지음, 김성은 옮김, 문예출판사, 2004

《내가 먹는 것이 바로 나: 사람·자연·사회를 살리는 먹거리 이야기》, 허남혁, 책세상, 2008

《누가 우리의 밥상을 지배하는가》, 브루스터 닌 지음, 안진환 옮김, 시대의창, 2008

《다이아몬드 잔혹사》, 그레그 캠벨 지음, 김승욱 옮김, 작가정신, 2004

《더 볼: 우리는 왜 공놀이에 열광하는가?》, 존 폭스 지음, 김재성 옮김, 황소자리, 2013

《디지털 쓰레기》, 엘리자베스 그로스만 지음, 송광자 옮김, 팜파스, 2008

《로컬 푸드: 먹거리-농업-환경, 공존의 미학》, 브라이언 헬웨일 지음, 김종덕·허남혁·구준모 옮김, 이후(시울), 2006

《로컬푸드 조례 (지구를 살리고 내 몸을 바꾸는)》, 야마시타 소이치·스즈키 노부히로·나카타 데츠야 지음, 정선철·김진희 옮김, 이매진, 2011

《마이클 조던, 나이키, 지구 자본주의》, 월터 레이퍼버 지음, 이정엽 옮김, 문학과지성사, 2001

《마이클 조던이 나이키를 살렸다》, 허원무, 살림출판사, 2004

《맛있는 햄버거의 무서운 이야기: 패스트푸드에 관해 알고 싶지 않은 모든 것》, 에릭 슐로서·찰스 윌슨 지음, 노순옥 옮김, 모멘토, 2007

《맥도날드 그리고 맥도날드화: 유토피아인가, 디스토피아인가》, 조지 리처 지음, 김종덕 옮김, 시유시, 2003

《먹을거리 위기와 로컬 푸드: 세계 식량 체계에서 지역 식량 체계로》, 김종덕, 이후, 2009

《먹지마, 똥이야!》, 모건 스펄록 지음, 노혜숙 옮김, 친구미디어, 2006

《문화, 장소, 흔적: 문화지리로 세상 읽기》, 존 앤더슨 지음, 이영민·이종희 옮김, 한울, 2013

《미래를 여는 소비》, 안젤라 로이스턴 지음, 김종덕 옮김, 다섯수레, 2010

《버거의 상징: 맥도날드와 문화권력》, 조 킨첼로 지음, 성기완 옮김, 아침이슬, 2004

《불평등의 대가: 분열된 사회는 왜 위험한가?》, 조지프 스티글리츠 지음, 이순희 옮김, 열린책들, 2013

《블루, 색의 역사: 성모 마리아에서 리바이스까지》, 미셸 파스투로 지음, 고봉만 옮김, 한길아트, 2002

《블루진, 세계 경제를 입다: 당신의 청바지에 감춰진 세계 패션 산업과 무역 이야기》, 레

이첼 루이즈 스나이더 지음, 최지향 옮김, 부키, 2009

《새로운 자본주의에 도전하라》, 전병길·고영, 꿈꾸는터, 2009

《생각, 엮고 허물고 뒤집어라: 경계를 넘나드는 크로스 씽킹》, 김용학, 21세기북스, 2011

《세계의 문화경관 현대인문지리학》, 제임스 루벤스타인 지음, 정수열·이욱·백선혜·김
현·이정섭·최경은·조아라 옮김, 시그마프레스, 2012

《세계의 분쟁: 지도로 보는 지구촌의 분쟁과 갈등》, 구동회·이정록·노혜정·임수진, 푸
른길, 2010

《세계화를 둘러싼 불편한 진실: 왜 콩고에서 벌어진 분쟁이 우리 휴대폰 가격을 더 싸게
만드는 걸까?》, 카를-알브레히트 이멜 지음, 서정일 옮김, 현문서가, 2009

《세렝게티 전략: 초원의 전략가들에게 배우는 비즈니스 생존 전략》, 스티븐 베리 지음,
권오열 옮김, 서돌, 2009

《세상을 바꾸는 소비자의 힘: 2009 윤리적 소비 체험수기 공모전 수상집》, ICOOP생활
협동조합연구소, 한겨레출판사, 2009

《세상을 바꾼 다섯 가지 상품 이야기: 소금, 모피, 보석, 향신료 그리고 석유》, 홍익희, 행
성B잎새, 2015

《슈퍼 브랜드의 불편한 진실: 세상을 지배하는 브랜드 뒤편에는 무엇이 존재하는가》, 나
오미 클레인 지음, 이은진 옮김, 살림Biz, 2010

《스포츠로 배우는 과학: 생생한 스포츠에서 배우는 흥미로운 과학의 세계》, BRG 편집부
지음, 이충호 옮김, 을파소, 2010

《슬로 라이프: 우리가 꿈꾸는 또 다른 삶》, 쓰지 신이치 지음, 김향 옮김, 디자인하우스,
2005

《슬로푸드: 느리고 맛있는 음식 이야기》, 카를로 페트리니 엮음, 김종덕·이경남 옮김, 나
무심는사람, 2003

《슬로푸드, 맛있는 혁명》, 카를로 페트리니 지음, 김종덕·황성원, 옮김, 이후, 2008

《시티노믹스: 도시경쟁력을 키우는 콘셉트 전략》, 김민주·송희령, 비즈니스맵, 2020

《시크릿 스페이스: 일상공간을 지배하는 비밀스런 과학원리》, 서울과학교사모임, 어바웃
어북, 2011

《인간의 얼굴을 한 시장 경제, 공정 무역》, 마일즈 리트비노프·존 메딜레이 지음, 김병순 옮김, 모티브북, 2007

《욕망의 코카콜라》, 김덕호, 지호, 2014

《왜 세계의 절반은 굶주리는가?: 유엔 식량특별조사관이 아들에게 들려주는 기아의 진실》, 장 지글러 지음, 유영미 옮김, 갈라파고스, 2007

《왜 우리는 불평등을 감수하는가?: 가진 것마저 빼앗기는 나에게 던지는 질문》, 지그문트 바우만 지음, 안규남 옮김, 동녘, 2013

《우리는 어떤 의미를 입고 먹고 마시는가: Best Global Brands 100》, 인터브랜드 지음, 윤영호 옮김, 세종서적, 2013

《육식의 종말》, 제레미 러프킨 지음, 신현승 옮김, 시공사, 2002

《음식문맹자, 음식시민을 만나다》, 김종덕, 따비, 2012

《의외의 선택 뜻밖의 심리학: 인간의 욕망을 꿰뚫어 보는 6가지 문화 심리코드》, 김현식, 위즈덤하우스, 2010

《이민부의 세상을 담은 지리 교실》, 이민부, 푸른길, 2012

《인문의 바다에 빠져라》, 최진기, 스마트북스, 2012

《작은 도시 큰 기업: 글로벌 대기업을 키운 세계의 작은 도시 이야기》, 모종린, 알에이치 코리아(RHK), 2014

《지도, 세상을 읽는 생각의 프레임》, 송규봉, 21세기 북스, 2011

《지도로 보는 세계지도의 비밀》, 롬 인터내셔널 지음, 정미영 옮김, 이다미디어, 2010

《지리, 세상을 날다》, 전국지리교사모임, 서해문집, 2009

《지식 ⓔ season 1》, EBS 지식채널 ⓔ, 북하우스, 2007

《지퍼에서 자동차까지 세상 모든 것이 궁금한 이들을 위한 34가지 제조법》, 샤론 로즈·닐 슐라거 지음, 황정하 옮김, 민음인, 2010

《청바지의 신화를 만든 남자》, 카트야 두벡 지음, 김현정 옮김, 모색, 2005

《청바지 세상을 점령하다》, TBWA KOREA, 알마, 2008

《축구의 세계화》, 데이비드 골드브라이트 지음, 서강목·이정진·천지현 옮김, 실천문학

사, 2014

《커피》, 김준, 김영사, 2004

《커피 경제학: 일상을 지배하는 작은 경제 이야기》, 김민주, 지훈, 2008

《커피 이야기》, 김성윤, 살림, 2004

《커피 한 잔으로 배우는 경제학》, 조 지뮤쇼 지음, 이정환 옮김, 에이지21, 2008

《코카콜라 게이트: 세계를 상대로 한 콜라 제국의 도박과 음모》, 윌리엄 레이몽 지음, 이
    희정 옮김, 랜덤하우스코리아, 2007

《코카콜라의 진실》, 콘스턴스 헤이스 지음, 김원호 옮김, 북앳북스, 2006

《탁자 위의 세계》, 리아 헤이거 코헨 지음, 하유진 옮김, 지호, 2002

《탐욕의 시대: 누가 세계를 더 가난하게 만드는가?》, 장 지글러 지음, 양영란 옮김, 갈라
    파고스, 2008

《티셔츠 경제학》, 피에트라 리볼리 지음, 김명철 옮김, 다산북스, 2005

《패스트푸드의 제국》, 에릭 슐로서 지음, 김은령 옮김, 에코리브르, 2001

《패턴츠》, 벤 아이켄슨 지음, 전광수 옮김, 미래사, 2005

《포스트식민주의의 지리: 권력과 재현의 공간》, 조앤 샤프 지음, 이영민·박경환 옮김, 여
    이연, 2011

《햄버거 이야기: 저항에 대한 아이콘, 햄버거의 존재감에 대하여》, 조시 오저스키 지음,
    김원옥 옮김, 재승출판, 2008

《현대 경제지리학 강의》, 닐 코·필립 켈리·핸리 영 지음, 안영진·이종호·이원호·남기
    범 옮김, 푸른길, 2009

《현대 인문지리: 세계를 펼쳐 놓다》, 제임스 루벤스타인 지음, 김희순·안재섭·이승철·
    이영아·정희선 옮김, 시그마프레스, 2010

《휴대폰이 말하다: 모바일 통신의 문화 인류학》, 김찬호, 지식의 날개, 2008

《희망을 거래한다》, 프란스 판 데어 호프·니코 로전 지음, 김영중 옮김, 서해문집, 2004

《희망을 키우는 착한 소비》, 프란스 판 데어 호프·니코 로전 지음, 김영중 옮김, 서해문
    집, 2008

《희망의 경계》, 프란시스 무어 라페 외 지음, 신경아 옮김, 이후, 2005

《*Guardian G2*》(24 June, 2-7), 'New balls, please', Abrams, F, 2002

KBS 인터넷 〈김대홍 기자의 취재파일 속으로: 커피의 역사〉, 김대홍, 2006